公差工程那些事儿
——制造精度问题分析与解决

张 少 闫 旭 编著

机 械 工 业 出 版 社

本书采用小说形式撰写，围绕公差工程应用案例展开，内容生动有趣，容易学习。本书以作者在企业中应用公差工程的真实成长经历为主线，贴近企业实际状况，有利于读者快速掌握公差工程系列工具，从而提高设计和工艺工作的质量。本书共分四个部分，7章：第一部分包含第1章厘清功能，第二部分包含第2章开发目标，第三部分包含第3章虚拟制造，第四部分包含第4章简练设计、第5章优化工艺、第6章精准装配和第7章无误测量。

本书可作为公差工程、制造精度相关培训的教材，也可供机械设计、工艺设计等相关技术人员参考。

图书在版编目（CIP）数据

公差工程那些事儿：制造精度问题分析与解决/张少，闫旭编著. —北京：机械工业出版社，2023.6（2025.1重印）
ISBN 978-7-111-73387-4

Ⅰ.①公… Ⅱ.①张… ②闫… Ⅲ.①公差-设计 Ⅳ.①TG802

中国国家版本馆 CIP 数据核字（2023）第 113620 号

机械工业出版社（北京市百万庄大街 22 号　邮政编码 100037）
策划编辑：王晓洁　　　　　　　责任编辑：王晓洁　章承林
责任校对：牟丽英　张　薇　　　责任印制：张　博
北京建宏印刷有限公司印刷
2025 年 1 月第 1 版第 3 次印刷
169mm×239mm · 6 印张 · 117 千字
标准书号：ISBN 978-7-111-73387-4
定价：35.00 元

电话服务　　　　　　　　　网络服务
客服电话：010-88361066　　机　工　官　网：www.cmpbook.com
　　　　　010-88379833　　机　工　官　博：weibo.com/cmp1952
　　　　　010-68326294　　金　书　网：www.golden-book.com
封底无防伪标均为盗版　机工教育服务网：www.cmpedu.com

前 言

人类历史上三次世界制造中心的转移，印证了制造业对国家经济繁荣的巨大作用。近几十年来，中国的制造业得到了长足发展，目前已成为世界上制造大国，在很多方面跻身世界前列。2015 年 5 月 8 日，国务院印发《中国制造 2025》的发展规划，推动了中国制造业的全面转型升级。为实现制造强国的战略目标，我国的制造技术理论研究和工程实践还需强化，如机械行业的基础制造技术之一——公差工程。

什么是公差工程？

公差工程是从分析设计预期到实现制造过程的系统化工程。它根据工作职能进行严格的分工，使各职能模块得以建立完善的理论基础，并定义各职能模块的输入、输出和工作内容（包括三者的规则和方法）。同时通过建立明确的产品开发目标，调动四大开发过程（设计、工艺、测量和装配）的资源进行高协作性、高效率、高达成率的运作，最终实现产品设计预期目标。公差工程的逻辑图和流程图如下：

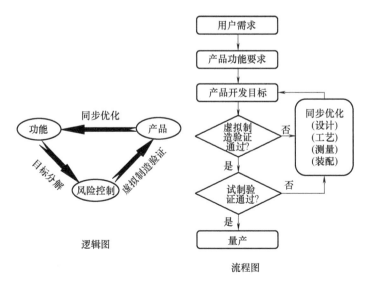

逻辑图 流程图

为什么需要公差工程？

在机械制造活动全过程中，公差的影响因素涉及来料、产品设计、工艺开发、零件制造、夹具、设备、测量以及环境等，并且这些影响因素之间还会相互影响，时刻影响着产品的开发周期、开发成本和开发质量。科学地运用公差工程技术来管理整个生产过程，可以让企业在竞争激烈的环境中保持如下优势：

1）缩短产品开发周期。

2）降低产品开发成本。

3）提高产品制造质量。

怎样实施公差工程？

本书将公差工程实施内容分为四部分进行介绍。

第一部分介绍了公差工程的工作起点（内容包含第 1 章厘清功能），讲述如何从客户需求、失效模式或具体问题推导出产品功能要求，以及关联机械功能。

第二部分介绍了目标的设定和分解（内容包含第 2 章开发目标），根据功能要求设定开发目标（产品目标和工艺目标），并对公差目标进行分解。

第三部分介绍了目标的风险识别和虚拟验证（内容包含第 3 章虚拟制造）。通过误差分析、尺寸链技术、3D 技术展开虚拟的制造活动，对公差叠加进行仿真分析。

第四部分介绍了同步优化，如何调动四大开发过程的资源来共同解决公差目标问题（内容包含第 4~7 章）。第 4 章简练设计：通过优化设计的手段实现产品开发目标，同时研究在满足产品要求的情况下，最大可用目标公差；第 5 章优化工艺：在保持设备精度水平不变的条件下，通过优化工艺和夹具等来减少产品误差，促进产品开发目标达成；第 6 章精准装配：设计有利于产品开发目标实现的装配流程和夹具等；第 7 章无误测量：介绍消除各类测量误差的具体理论和方法，确保测量工作真实地反映装配状态。

在学习中应注意以下三点内容：

1）仔细体会四大开发过程在工作中体现的关系——相互影响又相互成就，其相互关系有以下三种情况。第一种情况：一个问题有多个不同的解决方案，每个解决方案可能来自不同的开发过程。第二种情况：一个解决方案需要动用多个开发过程的资源。第三种情况：一个开发过程的问题可以用另一个开发过程的技术来解决。

2）阅读本书需要读者具备一定的公差、夹具、检测、尺寸链等知识。

3）本书的图样只用于说明公差工程的逻辑和应用，不可作为制图的参考。

由于编著者水平有限，书中难免有不够深入和错误之处，恳请广大读者不吝赐教，批评指正。

编著者

目　录

前言
第 1 章　厘清功能 ··· 1
1.1　产品功能 ·· 2
1.1.1　外观 ·· 3
1.1.2　操控性 ·· 7
1.1.3　使用功能 ·· 7
1.1.4　梳理功能要求 ·· 7
1.2　机械功能 ·· 8
1.2.1　装配实现 ·· 9
1.2.2　制程定位（工艺定位） ·· 9
1.2.3　精密配合 ·· 9
1.2.4　密封 ·· 9
1.3　公差工程的工作起点 ·· 9
练习题 ·· 10
第 2 章　开发目标 ·· 12
2.1　产品开发目标 ·· 12
2.1.1　设计目标 ··· 13
2.1.2　功能尺寸 ··· 13
2.1.3　公差目标 ··· 14
2.2　分解产品开发目标 ·· 15
2.2.1　因功能细化的目标分解 ·· 15
2.2.2　从上向下的目标传递 ·· 19
2.2.3　零件公差分配 ·· 19
2.3　工艺开发目标 ·· 20
2.3.1　零件工艺过程目标 ·· 21
2.3.2　装配工艺过程目标 ·· 23
2.3.3　工装夹具开发目标 ·· 24
2.3.4　定位策略——白车身工艺基准 RPS 点 ································· 25

2.4 开发目标的公差带属性 …… 27

练习题 …… 28

第3章 虚拟制造 …… 29

3.1 定位误差分析 …… 29

3.1.1 几何关系计算 …… 29

3.1.2 三维软件的应用 …… 30

3.2 零件工艺分析 …… 32

3.2.1 工艺尺寸链的应用 …… 32

3.2.2 计算机辅助制造（CAM） …… 32

3.3 装配工艺分析 …… 33

3.3.1 产品装配尺寸链应用 …… 33

3.3.2 虚拟现实技术 …… 35

练习题 …… 36

第4章 简练设计 …… 38

4.1 机械结构 …… 38

4.1.1 装配关系 …… 38

4.1.2 零件几何结构 …… 40

4.1.3 优化结构而调整设计目标 …… 40

4.1.4 锯削工装案例 …… 41

4.2 公差标注 …… 43

4.2.1 标注在公差工程中的重大意义 …… 43

4.2.2 标注思路 …… 44

4.2.3 两代公差系统 …… 45

4.3 公差设计思路 …… 48

4.3.1 善用辅助图与表 …… 48

4.3.2 其他公差设计思路和技巧 …… 50

练习题 …… 50

第5章 优化工艺 …… 51

5.1 工艺方法 …… 51

5.1.1 工序调整 …… 51

5.1.2 现场修配法 …… 52

5.2 定位误差 …… 52

5.2.1 优化定位误差 …… 52

5.2.2 建立工艺基准 …… 54

5.3 设备能力 …… 55

练习题 …… 57

第6章 精准装配 …… 58

6.1 装配顺序 …… 58

6.2　分组装配法 ·· 59

6.3　补偿环与修配法 ·· 60

6.4　主动测量配合调整法 ··· 62

6.5　热装 ·· 63

6.6　冷装 ·· 63

练习题 ··· 63

第7章　无误测量 ··· 64

7.1　测量方案的误差 ·· 65

7.1.1　测量方法与取点方法 ··· 65

7.1.2　基准和基准系 ··· 67

7.2　测量执行系统误差 ··· 68

7.2.1　人员误差 ·· 68

7.2.2　基准件误差 ··· 69

7.2.3　测量设备误差 ·· 69

7.3　主动测量的制造系统 ·· 69

练习题 ··· 70

答案部分 ·· 72

附录 ·· 77

附录A　案例1：电子连接器 ··· 77

附录B　案例2：通信天线 ·· 78

附录C　案例3：锯削工装 ·· 79

附录D　案例4：活塞环间隙 ·· 79

附录E　案例5：轴承座镗孔 ·· 80

附录F　公差工程逻辑图 ··· 82

附录G　"APQP"与"公差工程"工作流程进度对比图 ··························· 83

参考文献 ·· 85

第1章

厘 清 功 能

飞腾夏华汽车集团业务高速增长，产品项目越来越多，并且要求也越来越高。目前，公差相关技术及质量问题如下所述，层出不穷：

- 竞争对手零件公差比我司大，但总成质量与我司一致，导致我司成本压力巨大。
- 量产后发现重要功能的尺寸未控制。
- 测量合格的零件不能装配，测量不合格的零件却可以装配。
- 设计、工艺、质量、职能部门各自为政，部门墙坚固。
- 标注方法、定位方案、误差分析、测量方法等相互冲突。
- 同一个图样有两种测量方法。

公司为这些问题头痛已久，今天的公司会议上又讨论了这个话题。

总经理刘总："这些公差问题看起来小，其实却是影响企业生存的大问题。公差技术产生的根源是价廉物美，体现在——用最少的制造成本得到最好的总成性能。常规情况下，投入低成本的设备和工艺得到的零件误差较大，将影响总成性能。总成性能由产品精度决定，更高的总成性能就需要提出更严格的公差，为确保实现更严格的公差就必须投入更高成本的设备和工艺，所以它们是一对矛盾体。那么，工程师的工作就是平衡这对矛盾，制造过程的工程师要通过优化工艺过程和夹具设计来减少制造误差，设计开发过程的工程师通过吃透产品性能并优化结构，找到允许的最大公差值，如此才是公差技术工作的最大价值所在。所以必须要组织力量来解决这些问题。"

技术中心唐总："刘总，你说得很对，公差的问题很重要。我们已经开始着手开展此项工作，同时还要把握好节奏分步进行。因为如何合理地设计公差值并完美实现过程控制是一套复杂的系统化工程。它复杂在，首先要基于产品功能要求建立公差目标（在这之前的工作——从用户需求到产品功能要求——不包括在公差工程之内），兼顾可制造性和可测量性，然后想办法减少过程误差和测量误差，甚至是改变产品机械结构来优化设计目标，最终实现顺利装配，以及产品的设计预期。"

刘总："非常好，这的确是个复杂的工程。公司研究决定借助外力——找专业的公差技术咨询老师。人力资源的李总，我给你们提两个筛选咨询团队和老师的要求：

第一，公差应用深度足够，在需要使用公差的三个部门（设计、工艺和质量）都有三年以上实际工作经验。这样的老师对公差的理解更透彻，才能从最系统的角度分析和解决问题。

第二，公差应用广度全面，经验尽量覆盖从机床到汽车、从整机到零部件、从工装夹具到自动化生产线等，如果对咱们行业上、下游企业的公差应用情况都了然于胸，就能精准地解决咱们目前的公差技术问题。"

人力资源总监李凤："好的，刘总。"

刘总："好，就这么定了，咱们争取用二流的设备和一流的技术（设计和工艺思路）生产出超一流的产品。"

1.1 产品功能

会后，唐总立刻展开了公差咨询项目的前期工作。调项目部司梦成立临时小组，配合咨询老师来做前期调研，以便充分掌握目前公司公差技术应用的实际情况。司梦对咨询老师的要求之一产生了兴趣——在项目开始前提供公司典型产品的功能要求。

司梦："张老师，能先详细聊聊产品功能要求吗？因为我们唐总特别重视它，一直强调要编写高质量的功能清单。"

咨询老师："它解决了两个问题。第一个问题是客户需要什么产品？你可以尝试回答。"

司梦："一个好的产品。"

咨询老师："那你如何定义好产品呢？"

司梦："长得好看，用起来方便，质量又好的产品。如果是汽车还要省油。"

咨询老师："非常好！好看、方便、省油都是形容词，还有皮实、加速猛、转弯稳、劲大等。这些都是用户长时间反复多次使用相同或不同产品后得出的直观体验，人们据此来判断一个产品质量的好坏。很多产品也是凭借这个'质量'赢得市场的美誉，成为畅销的产品。这也就是第一个问题的答案：满足用户体验的产品。"

司梦："那第二个问题呢？"

咨询老师："第二个问题是如何满足用户需求（用户体验）？你根据这些形容词，能制造出一个好的产品吗？"

司梦："不行，太不专业。"

咨询老师："是的，这些形容词只是用户体验，不严谨，有很强的个人主观情感，它并不能指导我们进行产品开发。例如，将加速猛转换成百公里加速时间 6s，就明确给出了设计方向。

产品研发工程师要根据客户体验/期望/需求转化出能实现的、可量化的、可测量的产品技术质量指标。一方面，产品满足这些指标就可以实现客户期望的体验；另一方面，这些指标给产品开发过程提供了目标。

记住，这些指标就是我们产品的功能要求。"

司梦："我捋捋哈。我可以这样定义吗？产品功能就是产品满足用户需求的一种属性。"

咨询老师："完全正确。"

司梦："那产品功能要求分几类？"

咨询老师："产品功能要求可分为外观、操控性、使用功能及其他功能（图1-1）。"

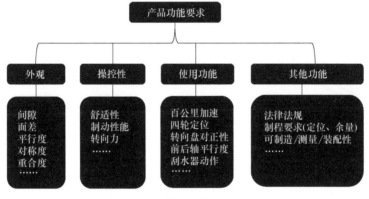

图 1-1

司梦："张老师，信息量太大，能总结一下吗？"

咨询老师："第一，产品满足人们某种需求的属性，被称之为产品的功能要求或产品功能。

第二，功能要求分层级，并由高级向低级分解和传递，拆分至无法拆分的零件为止。例如：百公里加速时间是总成功能要求，对应部件的功能要求是发动机功率，对应零件的功能要求是活塞直径。

第三，总成功能要求通常由用户需求和公司战略共同决定。

第四，把用户需求分析和转化为功能要求的常用工具之一——质量功能展开（QFD）。

第五，所有产品功能要求最终分解为零件的形状、尺寸、材料力学性能和硬度等技术指标。"

1.1.1 外观

产品的外观就像人的颜值，它决定着消费者的第一印象。其中缝隙和间隙等问题，被作为产品外观要求的重要指标之一，并有严格的设计要求。

汽车行业特别重视产品外观质量，提出了感知质量的概念和研究方法，将顾客对汽车感知质量需求转换为汽车的产品设计目标，并总结整理了一套实用性很强的评价流程和评价标准。

每家主机厂都会有专门的外观 DTS 文件，比如宝马公司的 Gap-plan 等。它们清晰地定义了整车外观及内饰件的功能尺寸及目标公差值。

1. 间隙

靠视觉观察完整装配状态下的产品，能看到的两个具有装配关系的零件之间的缝隙称为间隙，如图 1-2 所示。在工程设计中常用英文单词"Gap"的首字母"*G*"表示。

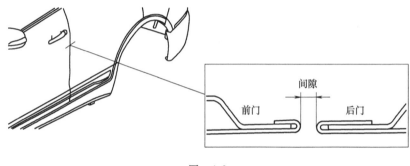

图 1-2

一般情况下，外观间隙值越小，视觉效果越好，但对工艺要求也就越高。所以，在满足功能的前提下外观间隙应尽可能小。表 1-1 为汽车行业外观间隙建议值。

表 1-1　外观间隙建议值　　　　　　（单位：mm）

间隙类型	高级车	中级车	入门级车
重要	3.5±0.5	3.5±0.7	4.0±1.0
一般	4.0±1.0	4.0±1.0	4.5±1.3
次要	4.5±1.3	5.0±1.3	5.5±1.5

测量要求 1：测量空间最短距离，如图 1-3 和图 1-4 所示两包边圆弧的中点的距离。

测量要求 2：相关零件翻边角度小于 90°或没有翻边，测量方向平行于工件表面，如图 1-4 和图 1-5 所示。

测量要求 3：相关零件翻边角度大于 90°，测量方向垂直于翻边的表面，如图 1-6 所示。

可用测量工具为塞尺，如图 1-7 所示。

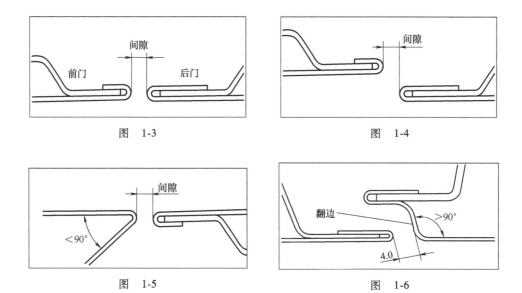

图 1-3

图 1-4

图 1-5

图 1-6

2. 面差

面差又称为断差，靠视觉观察完整装配状态下的产品，能看到的两个具有装配关系的零件表面之间形成的距离差，如图 1-8 所示。在工程设计中常用英文单词"Face"的首字母"F"表示。

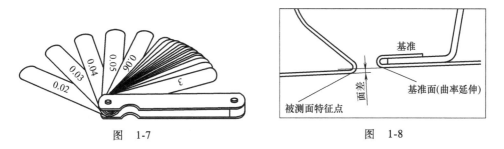

图 1-7

图 1-8

与间隙值一样，面差值越小，视觉效果越好。面差的调整比间隙容易。汽车行业外观面差建议值见表 1-2。

表 1-2 外观面差（断差）建议值 （单位：mm）

类型	高级车	中级车	入门级车
重要	±0.5	±0.5	±0.7
一般	±0.7	±0.7	±1.0
次要	±1.0	±1.0	±1.3

测量要求 1：确立测量基准面。基准面的确立方法有以下四种。

1）以先装配件为基准。

2）以非活动件为活动件的基准。

3）以表面曲率相对小的零件为基准（图 1-9）。

4）相关部门协调确定。

测量要求2：点到面的距离。点：被测面特征点。面：基准面的曲率延伸。

可用测量工具为面差尺或面差规，如图1-10所示。

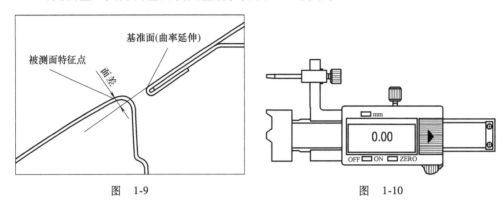

图　1-9　　　　　　　　　图　1-10

3. 平行度

平行度又称平行差，是在整段外观区域内，面差或间隙的实测最大值与实测最小值之差。平行度用于约束面差和间隙的平顺性和均匀性，典型的误差是间隙出现喇叭口形状的外观视觉缺陷。工程设计中经常用字母"P"表示，如图1-11所示。

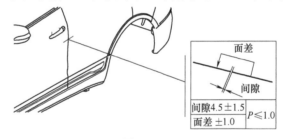

图　1-11

4. 对称度

对称度是指一组对称外观特征，左右的间隙值或面差值的差异程度。应用前提是，人眼能够观察到产品的外观是总成左右两侧对称。工程设计中经常用字母"S"表示，如图1-12所示。

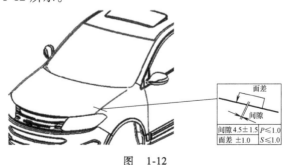

图　1-12

1.1.2 操控性

操控性是指人们在操控一个产品时，体验到的难度和乐趣。

以汽车为例，驾驶人在日常状况（包括极限状况）下将车辆进行转向操作后，车辆状态的反应和驾驶人感受到的反馈就是操控性。车辆的反应包含车头指向及其变化情况，车辆侧向移动变化情况等；反馈包含转向盘的阻力和振动，驾驶人向一侧甩动的趋势等。

操控性研究起来非常困难。一方面，操控性在很大程度上取决于使用者的直观感受（如上文所述），所以操控性的技术指标定性和分解难度极高；另一方面，不同人群对同一款产品的使用体验可能完全不同，如习惯使用青龙偃月刀（41kg）的关羽会觉得短剑太轻，所以还要区分客户群体。

操控性影响使用者的日常体验，它的重要程度远超过产品的外观（客户的第一印象）。虽然研究起来较为困难，但是它依然越来越受到重视。很多研发团队使用 KJ 法对客户的相关需求进行整理和分解，得到至可以量化和控制的技术质量指标。

例如：车辆操控性（一级功能项目）分解到转向盘操控性（二级功能项目）；转向盘操控性分解到转向盘转向力（15±5）N 和转向盘直径（350±5）mm（三级功能项目）。

1.1.3 使用功能

司梦："在分析和定义产品功能要求时，需要什么工具吗？"

咨询老师："当然有一些专门的工具，比如质量功能展开（QFD）。顾客购买产品的原因是产品满足了用户的需求，用户的需求不等同于产品的功能要求，而是用户的体验和感受，比如这个车有劲、皮实等。因此用专门的工具，可以把用户需求转化成技术质量指标，也就是我们的产品功能要求。下面有几个使用功能分析结果的案例。"

［案例 1］ 用户需求：车有劲；功能要求：发动机功率为 400kW。

［案例 2］ 用户需求：稳定的导电性；总成功能要求：某电路阻抗小于 10Ω；子功能要求：导电触片与端子接触面积为 $0.2\mathrm{mm}^2$（可参考附录 A）。

［案例 3］ 用户需求：无微电流击穿引起的信号杂音；功能要求：发射臂金属间距大于 0.2mm（可参考附录 B）。

1.1.4 梳理功能要求

汽车外饰件分厂工艺工程师九豪提出了一个集团内部自制的工装设备问题。

九豪："附录 C 的案例是一套锯削工装，它的任务是用锯片把汽车车窗的内外密封条切断。密封条内有金属骨架，切开后的骨架断面要求非常高，所以锯齿损坏到一定程度之后就要更换，否则无法保证断面质量要求。据可靠资料，有的锯片使用寿命是 2000 次，是我们的 3 倍左右。"

司梦："嗯，听起来你说的是锯片使用寿命的问题吧？"

九豪："是。我们分析锯片的寿命受三个方面因素的影响：第一是锯片质量；第二是金属骨架的材质和硬度；第三是锯削工装的稳定性。我们根据供应商提供的信息（竞争对手使用的锯片和金属骨架与我公司一致），可以判断问题不在第一条和第二条，所以第三条应该是正确的突破方向。"

司梦："寿命问题由锯削工装的稳定性决定，似乎与公差没有关系，但它却很重要。在我公司，技术中心负责工装的开发和制造，往往会偏离分厂的使用和维护需求。所以我们希望技术中心的工程师们多多考虑现场的使用和维护需求。

这样吧，不管这个问题是否和公差相关，我们先邀请技术中心的工装部门一起来聊聊这个话题吧。"

咨询老师："这个问题与公差有很大的关系哦。你们先自行研究，并作为下次讨论的内容。提醒如下：

1）用户需求。九豪已经提出——提高稳定性来减少锯齿的损坏。

2）功能要求。锯片在工作状态下的轴向位移范围（俗称晃动量）。"

1.2 机械功能

司梦对产品功能的分类方法产生了一些疑问。

司梦："张老师，关于产品功能的分类，我之前有不同的分类方法，不知与图 1-1 的分法有何区别。我的分法是把功能分为九大类：装配实现、制程定位、精密配合、密封、保持几何形状、传递力、传递力矩、传递运动和传递能量。"

咨询老师："非常好，这是一个值得讨论的好问题。

第一，这两种分类方法并不冲突，是两种不同的思路。图 1-1 中提到的思路是产品功能（产品满足用户需求的层面），具体分为：外观、操控性、使用功能和其他功能。而你的思路是机械功能（机械自身结构属性的要求）。

第二，同一个功能要求的描述，有可能既是产品功能，又是机械功能。例如，整车外观间隙既属于产品外观功能，又属于机械功能中的装配实现。

第三，整车级别功能要求都属于产品功能，最后一级别的功能要求一般属于机械功能。

第四，功能要求从总成级别向零件分解和传递的过程中，它们的描述往往从产品功能逐步转变成机械功能。例如，百公里加速时间（产品功能）传递和分解为驱动轴的最小直径（机械功能）。

最后，请大家注意！机械结构属性的功能要求一旦出现，大多数情况下就伴随着功能尺寸和公差目标。"

1.2.1　装配实现

装配实现又称确保装配。确保两个及以上零件顺利装配，且装配后机构满足既定的机械属性要求。装配实现包括确保装配间隙、装配空间、重合量、过盈量等。

1）装配间隙：电动机轴向间隙要求。

2）装配空间：法兰孔留出螺栓占用的空间和位置要求。

3）重合量（贴合面积）：导电触片与端子接触面积的最小值（见附录 A）。

1.2.2　制程定位（工艺定位）

制程定位又称工艺定位。在机加工、焊接或装配过程中，工艺基准无法与设计基准统一或有优于设计基准的定位方案时，工程师采用此方案中提及的部位来作为工艺基准，这个部位承载的功能为制程定位。为确保定位满足工艺要求，需要做定位误差分析并对工艺基准进行必要的公差控制（案例：见本书 5.2 节）。

1.2.3　精密配合

精密配合：基于总成或部件的精密功能要求，导致成组装配零件之间共同满足较高的配合精度。配合形式包括间隙或过盈；承载功能包括运动、承重、力矩和力等（见本书 4.3 节）。

1.2.4　密封

密封有防止流体或固体微粒从相邻结合面间泄漏，以及防止外界杂质，如灰尘、水分等侵入机器设备内部的功能。密封可分为静密封和动密封。

1）静密封：分为密封垫、密封胶和直接接触密封三大类。

2）动密封：分为旋转密封和往复密封两种基本类型。

1.3　公差工程的工作起点

司梦："张老师，我有一个疑问。分析并定义产品的功能要求是一个非常重要的工作，为什么不把这些内容纳入我们公差工程咨询项目呢？"

咨询老师："非常好！你这个问题的答案正是公差工程工作的起点。起点是用尺寸公差或几何公差标注的公差目标。"

正例：转向盘直径（350±5）mm；发射臂金属间距大于 0.2mm，满足这个要求。

反例：转向力（15±5）N，需要继续分解，直至液压转向系统或零件的尺寸或几何公差为止；发动机功率 400kW，需要继续分解，直至发动机总成或零件的尺寸或几何公差为止。

司梦："张老师，产品功能要求的分解工作不属于公差工程的范畴，对吗？"

咨询老师："不一定，如果某个产品功能要求满足其设计目标是用公差定义及有必要继续分解这两个条件，那么我们就要做功能分解的工作。例如 2.2.1 节的分解过程。

总成总功能要求：锯片在工作状态下的轴向位移范围（晃动量）。

总成子功能要求：空载晃动量、主轴刚性、轴向窜动、温升量、变形量。"

练 习 题

1-1　选择题

1. 从（　　　）的角度出发可以把产品功能分为外观功能、操控性、使用功能和其他功能。

A. 满足用户需求　　　　　　B. 机械自身结构属性

C. 产品作用　　　　　　　　D. 产品开发

2. 从（　　　）的角度出发可以把功能分为装配实现、制程定位、精密配合、密封、保持几何形状、传递力、传递力矩、传递运动和传递能量。

A. 满足用户需求　　　　　　B. 机械自身结构属性

C. 产品作用　　　　　　　　D. 产品开发

3. 产品具备（　　　）和（　　　）两类功能。

A. 产品功能　　　　　　　　B. 机械功能

C. 产品作用　　　　　　　　D. 产品开发

1-2　判断题

总成的功能要求一定归属产品功能，而不是机械功能。（　　　　）

1-3　什么是产品功能要求？

1-4　产品功能要求的作用是什么？

阶 段 小 结

在飞腾夏华汽车集团的要求下，咨询顾问先用一个月的时间，帮助研发部门提升定义产品功能要求的能力，今天做阶段性小结活动回顾所学知识，总经理也来到活动现场。

总经理问九豪："在研究产品功能要求的时候，你们的做法和之前有什么不同？"

九豪："在咨询老师的帮助下，我们学会了几种有用的工具和正确的流程，可以更好地胜任这部分工作。

工具一'系统边界图'：界定所研究系统的范围，表达组件之间的物理关系、逻辑关系，以及子系统之间的交互作用，并为'功能参数图'提供信息。

工具二'功能参数图'：研究系统运行的输入、输出、干扰因素、控制因素等的关系，帮助工程师实现系统的功能。

工具三'功能树'：科学地将功能分解到各个层级，最后不多不少地定义每个零件的功能。

流程：系统边界图→功能参数图→功能树。"

总经理："嗯，还有呢？"

九豪："嗯，这三个文件为模块化设计提供基础，最后的功能树可以直接作为设计失效模式与影响分析（Design Failure Mode and Effects Analysis，DFMEA）的输入。"

总经理："很好。第二个问题，从管理维度看，功能要求清单有什么优点？"

九豪："液压胀紧器总成功能清单见表1-3。清单中有5个最末级功能要求：F1.1.1，F1.2，F2.1，F2.2，F3.1。定义这5个参数的设计目标，把它们的达成率作为绩效指标，这个指标可以评估产品开发阶段设计工程师的工作质量。"

表1-3 液压胀紧器总成功能清单

一级功能	二级功能	三级功能
F1 保持链条张力范围	F1.1 压紧胀紧臂的压力范围	F1.1.1 液压系统的压强范围
	F1.2 链条磨损量要求的活塞伸出量	
F2 压紧力克服链条跳齿	F2.1 胀紧臂单次回程最大范围	
	F2.2 结构刚性大于最大的跳齿力	
F3 安装到发动机	F3.1 定位结构:一面两孔	

总经理看到随机选择的学员也能够对答如流，非常开心。正好此时主持人走上讲台，大家就开始了今天的阶段总结。

第2章

开 发 目 标

2.1 产品开发目标

咨询项目正式启动。技术中心外观设计组提供了一个案例：中控显示屏壳体与仪表板之间的间隙和断差不满足外观 DTS 要求。

司梦一直想深入了解 DTS 的概念，咨询老师耐心解释："DTS 是 dimensional technical specification 的首字母缩写，即尺寸技术规范。它是汽车行业常见的一种技术文件。在项目初期，工程师根据用户需求、公司战略、对标车型和实际制造水平，科学地定义产品的设计预期。设计预期被明确地分解和定义为一系列产品功能要求，并给每项功能要求设定合适的参数值，参数值是产品开发的设计目标。

注意：第一，DTS 文件记录了产品的功能要求和设计目标，所以我认为用"产品开发目标"这个词汇更合适。

第二，DTS 文件通常有好几个版本，最初版本的 DTS 文件在项目早期完成，只有产品功能要求，并无具体的设计目标。"

司梦："哦，这个文件——'产品开发目标'——做起来比较麻烦：一方面，对很多企业来说是新增的工作内容；另一方面，分版本又分层级（总成、部件，直到零件）。这样做有什么好处吗？"

咨询老师："第一，充分挖掘必要的产品功能要求，确保产品完美匹配用户需求。

第二，精准锁定关键功能尺寸，从总成功能要求逐级分解至零件，最终确保达到设计预期（设计失效模式与影响。分析其中涉及安全、重要功能、标准法规等要求的尺寸）。

第三，节约开发资源。根据设计目标，将四大开发职能过程的资源（设计、工艺、质量和装配）集中在客户关心的功能和需求上，使投入产出比最大化。

第四，提供了一个共同的努力方向和考核指标，更好地开发了四大资源的各种潜能。

第五，提供了项目和量产的验收标准。

第六，经验积累。记录了功能要求和设计目标，可为下一次开发提供可参考的模板。"

2.1.1 设计目标

司梦："功能要求对应技术质量指标，技术质量指标的参数值就是设计目标。另外，功能要求分层级，那么设计目标会分层级吗？"

咨询老师："当然会啦。与功能要求一样，设计目标由高级向低级分解和传递，直到无法拆分的零件。（下面数据仅为举例说明，不具备工程参考价值）

总成功能要求：液压泵额定压力；总成设计目标：200MPa。

系统功能要求：密封能力，系统设计目标：250MPa。

部件功能要求：活塞环和缸体过盈量；部件设计目标：0.003~0.008mm。

零件功能要求：缸体孔直径（缸径）；零件设计目标：104~104.002mm。"

司梦："开发目标参数值的设定有没有技巧或要求？因为参数值要求太严会影响产品开发难度，太松会导致产品没有市场竞争力。"

咨询老师："好问题！开发目标的制定要考虑用户需求、竞争对手的产品性能、制造能力和公司战略等，是一项复杂而且动态的工作。所以，无论贵公司产品开发流程怎样，下面三部分的工作不可或缺。

第一，从上而下。从整机开发目标出发，层层分解至零件，传递工艺开发目标和定位策略。

第二，从下而上。从制造精度出发，用尺寸链计算和虚拟设计软件，把公差层层叠加到部件、总成，最后到整机。

第三，当前面两个工作结果冲突时，要进行同步优化来达到整机产品开发目标。包括优化产品设计、制造工艺、装配过程甚至是测量过程。特殊情况下，也可修改整机设计目标。"

司梦："听起来，'产品开发目标'这份文件很棒！它包含产品开发的功能要求和设计目标，可以有效地将四大开发职能的工作紧密、有机地组织起来，从而缩短开发周期、提高开发完成率。这样就能让负责不同职能的工程师们在有限的时间内为既定的设计目标而共同协作，难怪唐总说这是一个复杂的系统工程。"

咨询老师："是啊，我们称这个过程为公差工程。那么，公差工程的第一步工作是什么呢？"

司梦："完成'产品开发目标'。"

2.1.2 功能尺寸

咨询老师："你有没有发现？一方面，有一些设计目标的单位是kW、s等，与我们要研究的尺寸公差并不相关；另一方面，我们公差工程的工作从哪里开始，总成、部件还是零件呢？"

司梦陷入了深思。

咨询老师："第一，有部分功能要求对应的设计目标的确与尺寸公差无关，我们只研究其中与尺寸公差相关的设计目标。

第二，只要出现与尺寸公差相关的设计目标，公差工程就可以介入，无论是总成、部件还是零件。

总成层级：车身间隙（5±1）mm。

部件层级：发动机与车身安装尺寸的位置度2.0mm。

零件层级：活塞密封性要求的缸径（104±0.002）mm。

第三，上述能确保产品满足功能要求的相关尺寸称为功能尺寸，包括总成功能尺寸、部件功能尺寸和零件功能尺寸。"

2.1.3 公差目标

咨询老师等大家接受了之前的内容后，继续说："功能尺寸的公差值为我们要研究的公差目标。它的出现就是我们的工作起点。"

司梦："让我捋捋，是否可以用图2-1来表示它们之间的关系？当然，我们最终的目的是找到公差目标并开始我们的公差工程工作。"

咨询老师："牛，只听一遍就能用图总结。你的学习能力不一般。"

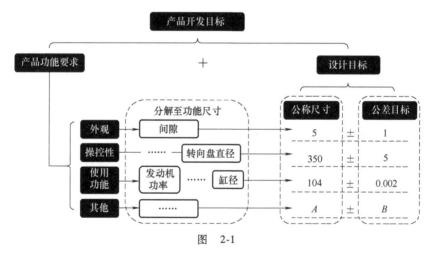

图 2-1

司梦欣赏着这张图，突然想到一个问题。

司梦："张老师，请问，图2-1中的公差目标值是怎么得来的？例如，空压机有密封要求，所以设定活塞与缸体的间隙值为（0.05±0.03）mm。"

咨询老师："这个问题问得非常好！总成功能尺寸和部件功能尺寸（由装配过程形成）公差目标值的设定方法有五种：

第一，通过试验设计（DOE）得到结果。例如你提到的活塞与缸体间隙值。

凡是像这一类有精密配合要求的（包括密封、高速运转等）都需要通过这种方法（密封件供应商提供的安装技术规范也是基于试验设计结果）。

第二，经验估计法。例如表 2-2 中的设计目标。在我们无法用现有的技术手段（包括 DOE、QFD 等）找到合理的目标值时，或有技术手段但是成本太高的情况下都可以使用这种方法。

第三，根据功能要求推导出结果。例如汽车行业用感知质量的方法研究外观间隙和面差。

第四，通过几何关系计算出结果。

第五，前人总结的相关标准和设计规范。"

2.2 分解产品开发目标

本节讨论的内容是第 2.1.1 节所述的不可或缺的三部分之一：从上而下，它是产品开发流程中设定开发目标的重要工作内容。

2.2.1 因功能细化的目标分解

司梦组织策划了解决锯削工装（附录 C 案例）问题的会议。

技术中心工程师丁一山："我理解了，最终目的是提高锯片的使用寿命，手段是提高锯削工装的稳定性或刚性。这个应该没有问题，同时你们可以多给我们一些设计条件吗？例如，它的刚性要达到什么样的目标？"

"目标？"九豪抓抓后脑勺说："锯削过程是间断切削，锯齿承受较大不稳定的冲击力。如果在锯削过程当中，锯片出现了晃动，会加剧锯片的磨损，所以我们的目的是希望锯片稳定、不晃动。"

丁一山："哈哈，九豪同志，你误解我的意思啦。我是希望你给稳定性定义一个量化的技术指标，作为我们工装开发的设计条件哦。"

司梦："一山，我尝试用你们技术中心的话（产品开发系统术语）解释一下哈。用户需求是稳定、不晃动，为达到这个目标而传递的锯削工装的技术指标（产品功能要求）。例如，锯削机构抗切削力变形的能力，技术指标是 1000N 下变形小于 0.02mm。"

九豪："哦，我明白了。锯削工装和一个独立产品一样，都需要满足某些既定的用户需求，所以要从使用者需求出发定义它的功能要求和开发目标。或者说把锯削工装当一个产品开发。嗯，今天长知识了。我之前从来没这么想过。"

丁一山："哈哈，那是因为你没在研发部门工作过，现在知道公司内部的轮岗有多重要了吧。"

九豪觉得大家讲得有道理，但又掺杂着各种疑问，于是把眼光投向咨询老师："司梦给出的这个技术指标非常准确地解释和定义了设计目标，但是执行起来比较麻烦呀！这个切削力和变形量的计算很困难，实测也很困难。"

咨询老师："九豪，在产品开发过程中经常会遇到类似的问题：技术指标无合适的测量手段（技术达不到或成本太高），甚至无法提出量化的测量指标。例如，产品外观和操控性的某些要求。但是，我们可以找一个相关程度最高的技术指标替代。我们去现场看看吧。"

咨询老师带领大家展开现场分析工作，碰巧生产线员工正在更换锯片。如图 2-2 所示，咨询老师用百分表顶住夹持锯片的锁紧螺母，然后将自己全身的重量集中于双手上摁住锁紧螺母，大家观察到百分表的最大摆动幅度（跳动值）为 0.58mm。

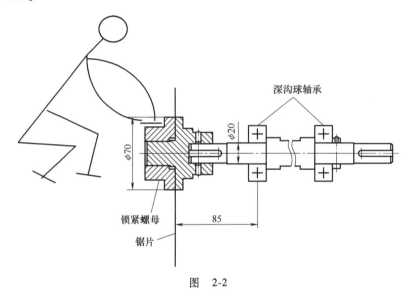

图 2-2

九豪："张老师，我似乎领悟到了一些东西，您看是否正确？

第一，锯削工装不稳定的原因之一可能就是刚性问题。锯片切削金属骨架时会产生较大的切削力，这个力将使整个锯削工装产生挠度，从而导致锯片晃动，最终影响据片寿命。

第二，已找到合适的技术评价指标。在没有专业的测量仪器下，可以用身体下压锯削工装产生的挠度来评价稳定性。"

咨询老师："孺子可教，悟性很高哦。"

九豪："那我们还等什么？回去准备资料吧。"

丁一山："不急，再观察一下，收集更多的信息。"

此时工人已换完锯片开始生产，在锯削第 8 刀的时候，咨询老师和丁一山似乎又发现了什么。

丁一山向工人询问道："前面几次的锯削，锯片切削的声音很小，现在似乎越来越大了，你们发现这个现象了吗？"

工人："一直这样呀。刚开始切削时声音小、质量好、锯片温度也较低；一般锯切 15 刀以后锯片温升很快，甚至会有橡胶烧焦的味道。"

咨询老师仿佛捕捉到了些什么，吩咐丁一山去找温度仪，自己绘制了表 2-1，最后组织大家做了如下研究。跟踪锯片的整个使用过程，发现同时新换的两个锯片，其中一个在第 20 刀时，开始冒烟并有橡胶烧焦的味道，当到 400 刀时被切产品表面已不太完美；另外一个锯片在近 500 刀时才开始冒烟并有橡胶烧焦的味道，最终使用到 900 刀时，产品表面才有缺陷。提前失效的锯片温升比另一个快很多，失效时锯齿破损已非常严重。

是什么导致锯齿破损？又是什么导致温升？温升快与锯齿破损之间有什么联系呢？

九豪和司梦还在思考这些问题的时候，丁一山已经按图 2-3 所示用百分表收集了相关数据，并将其填入了表 2-1 中。

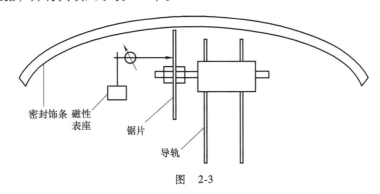

图 2-3

表 2-1 锯片温度与百分表跳动值 （单位：mm）

百分表跳动值	锯片温度		
	20℃	100℃	180℃
锯片自转	0.08	0.25	0.57
锯片前进	0.12	0.20	0.48
锯片自转+前进	0.2	0.38	0.73

咨询老师和丁一山根据报告和收集到的信息开始讨论问题，大家听得云里雾里，一会儿，他俩达成了一致意见。

咨询老师："各位同学！对于产品功能要求和用户需求，回顾上次的讨论结果。我们定义的产品功能要求是否能实现用户的需求或期望。换句话说，当锯片工作状态下的轴向位移范围（晃动量）被控制时，是否可以提高锯削工装的稳定性，减少锯齿损坏程度？"

九豪："理论上的确如此！锯片的晃动导致锯齿受异常冲击力而破碎。"

咨询老师："好的。在我们做功能分解之前，先讨论什么因素能导致锯片在工作状态下发生轴向位移的。"

丁一山："这个问题非常好！先搞清楚在工作中，什么因素能导致锯片产生位移。"

司梦："一方面，锯削工装晃动导致锯片晃动；另一方面，晃动的锯片与工件摩擦后发热变形加剧晃动。"

九豪："张老师，根据产品开发的思维，是不是还要给晃动、位移和温升程度进行量化和定义呀？"

咨询老师："是的，我们先看第一条：锯削工装晃动导致锯片晃动。那么，晃动到什么程度的锯削工装是可以接受的呢？可以有哪些指标来控制呢？"

丁一山："空载转动，锯片产生的晃动量目前是 0.08mm，根据经验给出估计值为 0.04mm。"

咨询老师："空载晃动量 0.04mm，还有吗？"

九豪："空载时，主轴的轴向窜动量是不是也要控制？但是我不知道给多少。"

咨询老师肯定了九豪的说法，并测量出现有锯削工装的实际轴向窜动量为 0.25mm。

九豪："轴向窜动量可以用更好的轴承来控制，我觉得给出 0.01mm 的目标也可以轻松达到。"

丁一山："老师！我从表 2-1 中看到两段 80℃ 的温升：20～100℃，100～180℃。我发现第二次温升导致的锯片晃动量远远大于第一次温升，所以我想把温升量控制在 80℃。"

……

这样很快，在大家的讨论下，确定了表 2-2 的内容。

咨询老师："恭喜大家！

一，伴随功能分解工作的完成，这个锯削工装有了明确的产品功能要求和设计目标，完成了总成的产品开发目标。

二，所有的客户投诉、用户需求、产品失效模式和其他设计预期，都可以按此思路分解为可以控制的技术指标。"

表 2-2 总成的产品开发目标

产品功能	分析过程	子功能要求	量化和评价方法	现状	设计目标
晃动量（锯片工作状态下的轴向位移范围）	锯削工装晃动导致锯片晃动	空载晃动量	常温下，锯片轴向位移范围	0.08mm	0.04mm
		主轴刚性	70kg 体重下压端部变形量	0.58mm	0.1mm
		轴向窜动量	主轴轴向自由晃动量	0.25mm	0.01mm
		主轴与导轨垂直	锯片不转时，前进移动跳动值	0.12mm	0.04mm
	晃动的锯片与工件摩擦后发热变形加剧晃动	温升量	连续切削时温度最高上升量	160℃	80℃
		变形量	锯片自转时，最高温度与常温时的跳动差值	0.49mm	0.2mm
			锯片前进时，最高温度与常温时的跳动差值	0.36mm	0.2mm

2.2.2 从上向下的目标传递

九豪:"张老师,我绘制了如图 2-4 所示的零件,您能帮我分析一下公差标注吗?"

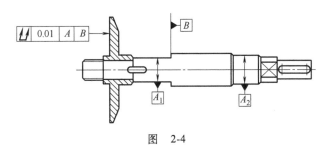

图 2-4

咨询老师:"哈哈,如何正确地标注公差关系到公差设计的思路。我们称它为需求导向的公差设计思路,共有三个步骤:

第一步,厘清产品的功能要求和装配关系。

第二步,风险分析或计算。

第三步,选择合适的公差符号表达公差带。

接下来是展开的具体思路:

第一步工作。根据表 2-2 的子功能要求——空载晃动量,在图 2-4 中找到承载这个功能的形体——法兰的左端面。装配关系:法兰与旋转主轴一同装入轴承,绕轴承中心(同时也是主轴中心)高速旋转,所以它的第一基准是联合基准 A,由两个轴承安装配合面组成;第二基准是左侧轴承的安装台阶面 B。

第二步工作。设计目标是常温下锯片晃动量为 0.04mm(锯片直径为 300mm),根据几何关系推导出直径 105mm 的压盘最大晃动量在 0.013mm,考虑到安全余量,选择值为 0.01mm。法兰左端面的公差带:即功能形体允许的误差范围是两个相距 0.01mm 的平行平面。

第三步工作。公差带相对于基准 A、B 有严格的方向要求,垂直于基准 A 的中心,对应的符号是垂直度。当然你选择了跳动公差,也是完全可以的,因为此零件的测量方法是打表法。"

2.2.3 零件公差分配

九豪得意地说道:"这张图我都画对了,太棒了,看来我的开发任务也完成了。"

丁一山微笑着说道:"九豪,第一,开发任务还没到每个零件,第二,即便到了零件也还有工艺开发任务,别忘了你可是工艺工程师。"

咨询老师:"一山说的没错。接下来研究设定零件公差的方法。

第一，参考近期类似项目。近期类似项目的相同功能零件，短期内制造和测量水平不会有大的变化，所以相同功能零件的公差有很高的参考价值。

第二，设计者不可调整的公差。机床精度等级：不可让钣金件具备机加工的精度；标准件精度，如螺栓和密封件的公差。

第三，根据上一级的产品开发目标分解（2.1.3 节中提及的通过 DOE 得到的尺寸）。

第四，零件的几何关系计算。例如，第 4.2.3 节中图 4-22 和图 4-23 所示的案例。

第五，采用尺寸链计算。找到此子环影响的封闭环（前提是封闭环已设定目标值）并建立起尺寸链，根据计算结果决定子环公差。"

丁一山："老师，这时的方法是尺寸链的反计算法吧？"

咨询老师："是的，是反计算法。从已知公差值的封闭环向子环分配公差值的过程，被称为反计算。

注意：反计算有两种分配思路。第一种，等公差法。当零件公差大小一致，制造难易程度相近时，平均分配公差值会比较经济。计算公式为

$$T_子 = T_总 / n$$

式中　　$T_子$——子环公差值；

　　　　$T_总$——封闭环公差值；

　　　　n——子环数量。

第二种，等公差等级法。为确保各组成环的制造难度保持一致水平，确保零件生产经济合理，可采用此方法。计算公式为

$$T_m = T_总 f(x_m) / \sum_{i=1}^{n} f(x_i)$$

式中　　T_m——第 m 号子环公差值；

　　　　$T_总$——封闭环公差值；

　　　　x_i——第 i 号子环的公称尺寸；

$f(x)$——尺寸分段公差等级计算公式。$f(x) = 0.45\sqrt[3]{x} + 0.001x$。"

丁一山："老师，概率法使零件的制造公差大于极值法，我们是否可以全部采用概率法分配呢？"

咨询老师："这个要看情况，如果涉及安全、标准法规和重要产品性能的公差必须使用极值法。"

2.3　工艺开发目标

咨询老师看着九豪说道："九豪，我宣布现在开始你的苦日子了，接下来的工作是准备工艺开发目标，如图 2-5 所示。"

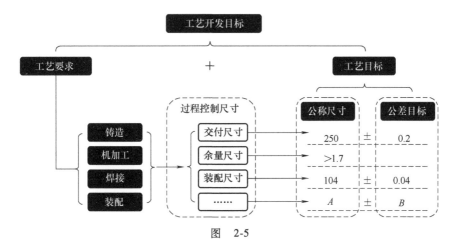

图 2-5

九豪满腹疑惑地说:"我作为专业的工艺工程师,想弱弱地问一句,工艺开发目标的工作是什么?"

咨询老师:"工艺开发目标的工作范围涵盖所有制造过程。我们大体上把制造过程分为两类:第一类是零件制造过程,第二类是装配过程。另外,这两个制造过程都需要相应的工装夹具,所以把工装夹具的开发目标也纳入工艺开发目标的范畴之内。

"好的,我们接下来先研究零件制造工艺开发目标。它的起点是零件图样。"

2.3.1 零件工艺过程目标

九豪立刻拿出图 2-6,然后说道:"老师,这里有一个轴承座的图样,您看是否可以作为案例?"

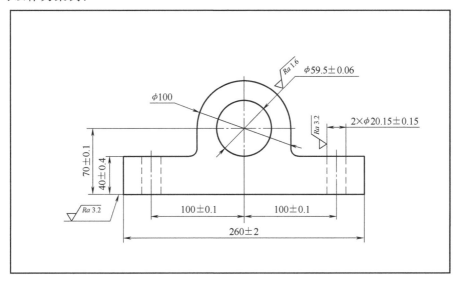

图 2-6

咨询老师看完图 2-6 后说："非常棒，这个图样完全可以作为案例进行展开。那么图样所示的零件有没有相应的工艺文件用来定义此零件的加工工序，以及每个工序的加工内容、加工精度和定位基准？"

九豪拿出了图 2-7~图 2-9。

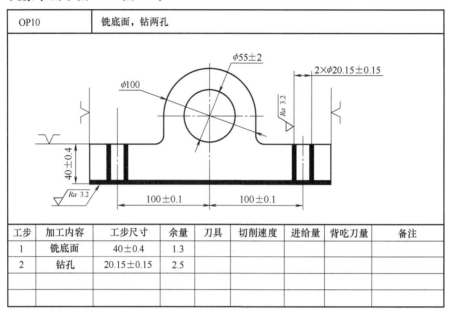

OP10	铣底面，钻两孔							
工步	加工内容	工步尺寸	余量	刀具	切削速度	进给量	背吃刀量	备注
1	铣底面	40±0.4	1.3					
2	钻孔	20.15±0.15	2.5					

图　2-7

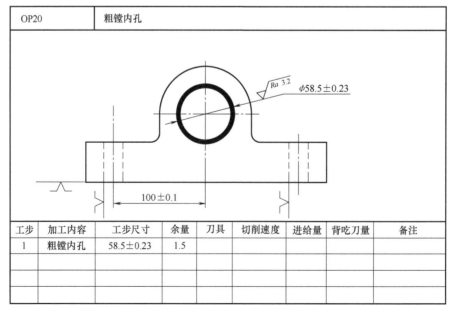

OP20	粗镗内孔							
工步	加工内容	工步尺寸	余量	刀具	切削速度	进给量	背吃刀量	备注
1	粗镗内孔	58.5±0.23	1.5					

图　2-8

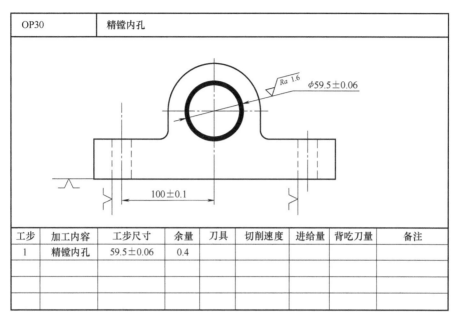

工步	加工内容	工步尺寸	余量	刀具	切削速度	进给量	背吃刀量	备注
1	精镗内孔	59.5±0.06	0.4					

图　2-9

咨询老师："非常好！OP10、OP20 和 OP30 的每一个工序都有对应的工艺开发目标：工步尺寸和对应的余量。当然，在工艺文件中还会出现其他指标，如热处理、镀层、转速、温度等。这些对工艺过程提出具体要求的指标，都是工艺开发目标，最终的目的是确保此工步得到的零件满足图样的要求。"

九豪开心地说道："哦！原来这就是工艺开发目标，我误解为一份专门的文件了。"

咨询老师："正确。

一、形式只为表达内容而生。只要已有的文件能清楚地定义工艺要求即可，企业可以不另外再增加设计一个文件。

二、举一反三。零件制造过程的工艺开发目标是，首先根据零件精度要求和现有设备能力规划出它的工艺路线；然后设定每一步的工序要求。其他制造过程的工艺开发目标大体都是这样。"

2.3.2　装配工艺过程目标

丁一山："老师，请问能不能举一个装配工艺开发目标的例子?"

咨询老师："大家请看图 2-10。这是一个发动机机油过滤器部件装配过程，该部件由壳体和阀芯组成。请问，此工序的装配内容是什么?"

九豪："装配任务是将阀芯装入壳体的阀孔内。"

咨询老师："定位基准是什么?"

天启："此零件的端面及其内孔，φ5mm 的定位销孔。"

咨询老师："装配的精度是什么？"

司梦："阀芯进入阀孔内，阀芯卡口与卡口槽上端面之间的间隙值为 0~0.1mm。"

九豪："还有一个是尺寸（0±0.085）mm。"

咨询老师："九豪同学，恭喜你发现这个尺寸，但答案不正确。注意，此装配过程要开发两类工艺目标要求：产品要求和工艺控制要求。装配的程度是产品自身的尺寸要求，它来自于产品开发目标；（0±0.085）mm 的尺寸是装配工艺过程要控制的尺寸，它不是产品自身的尺寸要求，它的目的是确保本装配工序满足产品要求（确保预装配状态工件之间的同轴关系）。"

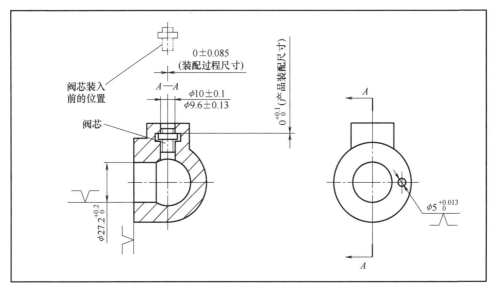

图 2-10

2.3.3 工装夹具开发目标

咨询老师："接下来研究工装夹具的开发目标。"

九豪："老师，我猜测是不是应该放在夹具开发要求说明书里？"

咨询老师："是的，夹具开发要求说明书又称夹具开发任务书、夹具开发式样书。案例如图 2-11 所示。"

丁一山："老师，我发现这份文件比工艺文件多了一些内容，比如在定位基准后面增加了数字和相关的符号等。"

咨询老师："的确。这份文件会定义更多信息，不仅有基准、加工内容和加工精度，还有基准顺序、基准的形体、夹紧要求等。下一期课程为大家详细介绍夹具设计的技巧（详见本系列书籍中的《工装夹具那些事儿》）。"

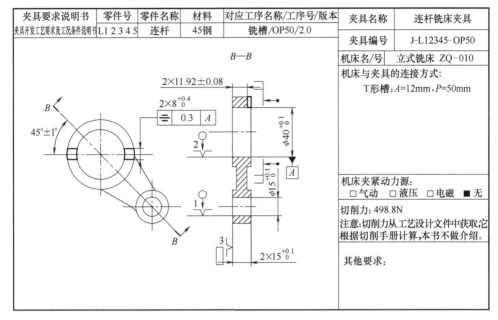

图 2-11

丁一山："今天能多说点吗？"

咨询老师："对于基准顺序，定位符号旁边数字最大的是第一基准，其他依次排序；对于基准的形体，定位符号旁边的矩形代表平板，定位符号旁边的圆代表销；对于夹紧要求，符号"F"代表压板，黑点小箭头代表夹紧力的方向。"

2.3.4 定位策略——白车身工艺基准 RPS 点

咨询老师："好了！现在我们来谈一谈高难度的 RPS 点，有人知道 RPS 点是什么吗？"

九豪："RPS 是基准点系统（reference point system）。我个人认为是白车身焊接工艺基准。它是由一位工程师发明的，相应的标准是 VW-01055。"

咨询老师："非常好，RPS 点最大的作用是什么呢？"

天启："我知道，RPS 点用来控制整个白车身的焊接精度，可以确保每个分总成甚至每块钣金之间保持非常高的位置精度。有些严格的工厂可以把整个白车身的制造误差控制在 1.5mm 范围之内，但如何做到的我并不清楚。"

咨询老师："它是一个很复杂的系统，但是我们有一个简单的方法可以理解它。

如图 2-12 所示，分总成之一的车身下部已经焊接完成。

如图 2-13 所示，下方带若干圆柱的长方体是白车身的焊接工装，带台阶面的圆柱是定位销；上方的零件是左前纵梁。左前纵梁与焊接工装之间通过定位销连

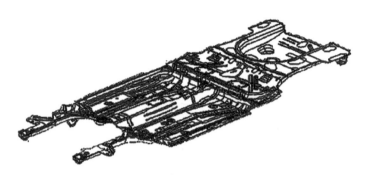

图　2-12

接，此时左前纵梁与焊接工装之间的位置误差仅仅只是孔销的定位间隙，一般值是
0.2mm。这样我们可以认为前纵梁和整个焊接工装保持极高的位置精度。

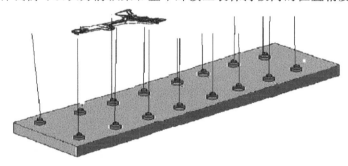

图　2-13

　　如图 2-14 所示，下方是焊接工装，上方的钣金件是后备厢行李架托盘。同样
是通过孔销定位与焊接工装连接，此时它们的定位精度同上，可以达到 0.2mm。

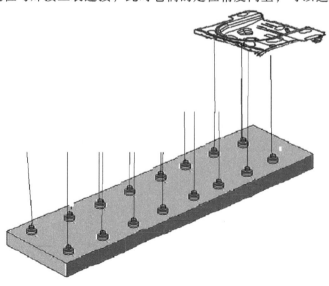

图　2-14

由图 2-13 和图 2-14 可知，前纵梁和行李架托盘与焊接工装之间的位置精度都是孔销定位精度 0.2mm，所以托盘上任意两零件之间的位置误差就是两倍的孔销定位精度，如图 2-15 所示。这样通过焊接工装上面所有的定位点可以将整车的误差控制在很高的要求范围之内。其中，这些圆柱定位销的位置和其对应的台阶面位置就是 RPS 点，这些点的组合就是白车身的焊接工艺基准。"

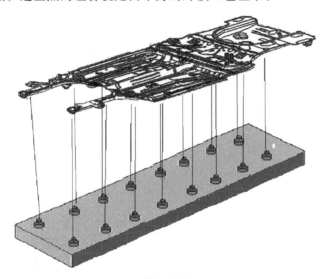

图 2-15

2.4 开发目标的公差带属性

产品功能要求由执行机构的各种机械功能保证，机械功能由部件或零件的精度保证。精度是误差的相对概念，指承载功能的形体（要素）偏离理论正确几何量的程度。因此，为确保产品功能的实现，设计者必须对上述的偏离程度加以控制，给出形体允许的误差范围及其属性要求。这个允许的误差范围就是公差带，公差带的属性要求包括：形状、方向、位置和宽度。注意，这里的形状、方向、位置并非指几何公差的层级关系，而是指公差带本身的约束要求。

图样上公差形成的思路总结：由产品功能要求决定机械功能，机械功能决定零件公差带的属性要求，公差带的属性要求选择合适的公差符号。

公差带的属性要求说明如下：

1）形状：公差带呈何种形状，取决于功能形体的形状和功能要求。

2）方向：公差带放置的方向要求，取决于功能要求。要求描述功能形体与基准系之间保持理论几何关系，包括垂直、倾斜和平行。

3）位置：公差带放置的位置要求，取决于功能要求。要求描述功能形体与基准系之间保持理论正确位置关系，包括同轴、对称等。

4）宽度：公差带的宽度值或直径值，由产品功能的精度要求和机械几何结构决定。

练 习 题

2-1 什么是产品开发目标？

2-2 什么是设计目标？

2-3 什么是功能尺寸？

2-4 什么是公差目标？

2-5 设定开发目标工作不可或缺的内容是什么？

2-6 由装配过程形成的公差目标值，设定的方法是什么？

2-7 需求导向的公差设计思路是什么？

2-8 如何设定零件公差？

2-9 什么是工艺开发目标？

2-10 用一句话说明 RPS 点是什么？

阶 段 小 结

咨询老师："各位伙伴，这段时间大家都很辛苦！我们完成了两个阶段咨询任务。接下来探讨两个问题，帮助大家更好地应用公差工程。第一个问题，这段时间我们学会了哪些知识和技能？第二个问题，在未来的工作中，你将怎样利用这些知识和技能？接下来，我们逐一回答，观点和内容可以重复。"

司梦："我最大的收获是了解到，做技术工作一定要学会定量的思维模式。"

丁一山："我的一个错误观念——只有设计工作才是开发工作——得到了纠正。其实工艺工作也是一项开发工作，因为在这个过程当中，我们要开发出合适的工艺方案以及夹具方案满足工艺目标，这些其实都属于产品项目开发工作。"

九豪："我觉得公差工程的工作主线和 APQP（产品质量先期策划）的主线完全一致，真正把同步开发的工作内容落地。"

天启："我觉得这个阶段有几个重要的文件必须完成：初始总装图、零件图、工艺图、夹具开发要求说明书。这些文件必须准确地标注公差值，而这些数值很多是来源于功能树和 DFMEA（设计失效模式与影响分析）的分析结果。"

刘斌："从技术管理维度来看，我们可以把零件的工艺目标的达成率作为工艺工程师的绩效考核指标。"

……

第3章

虚 拟 制 造

咨询老师："大家好，我们回顾前一段时间的项目进度：必要的产品功能细化、产品开发目标及其分解、传递工艺开发目标。这些工作是属于产品开发流程的第几步工作呢？"

丁一山："这是第一步工作，从上而下，初步设定产品开发目标和工艺开发目标。接下来应该是第二步，自下而上的工作。"

咨询老师："是的，接下来是用虚拟制造的工具和方法，来验证产品和工艺开发目标的合理性，它是自下而上的过程。"

九豪："老师，虚拟制造对制造业有什么好处呢？"

咨询老师："虚拟制造有以下两个作用。

第一，在计算机上验证产品开发和工艺开发工作，从而摆脱对实物的依赖（成本）。

第二，缩短开发时间（周期）。"

丁一山："那么，它是如何做到的呢？"

咨询老师："笼统地说，虚拟制造的核心是建模，通过模型对实际制造系统的全过程进行数字化分析，并用分析的结果指导产品开发过程。当然，虚拟制造还可对生产活动、物流管理、市场销售和维修等提供支持。"

司梦："有点难以理解，能举个例子吗？"

3.1 定位误差分析

3.1.1 几何关系计算

咨询老师："好的，我们讨论一个连杆的定位误差分析案例。[注]

工艺目标：对称度 0.3mm（图 2-11）。

主、次定位孔：直径 40~40.1mm、直径 15~15.1mm（图 2-11）。

[注] 具体设计思路和方法见《工装夹具那些事儿》。

主定位销：根据主定位孔的公称尺寸和夹具手册推荐配合 h6，设计主定位销直径 39.984~40mm（图 3-1）。

次定位销：根据次定位孔的直径和夹具手册公式，计算次定位销直径 14.913~14.931mm（图 3-1）。"

待大家消化所有信息之后，咨询老师继续开始讲解验证思路。

咨询老师："对称度极限偏差值在工件向上或向下移动到最大程度时出现，此时移动距离由主定位销与主定位孔的间隙 0.058mm 决定，如图 3-2 所示。得出对称度极限偏差值是 0.116mm>0.3mm/3 = 0.1mm，没有满足定位误差要求（小于工件误差的 1/3），所以精度不够。"

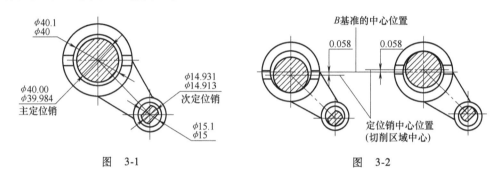

图 3-1   图 3-2

九豪："老师，这个问题我听懂了，这就算是虚拟制造吗？"

咨询老师："严格来说这个算不上虚拟制造，但是其背后的逻辑可以帮助我们理解虚拟制造。图 3-1 和图 3-2 是二维图当中建立的两个分析模型，它能代表零件极限加工状态，我们可以借助这两张图分析此产品在实际生产中的精度状况，从而摆脱工程验证对实物的依赖。"

3.1.2 三维软件的应用

咨询老师："请带着连杆案例总结的逻辑，来看一个复杂的焊接过程——白车身（图 3-3）。白车身通常有 300~500 个具有复杂空间曲面的薄板钣金件，在 100 个左右的焊接工位（夹具）上，定位并焊接而成。这 100 个焊接夹具进行总成、分总成、分分总成等分级焊接工序。虽然第 2.3.4 节中介绍的 RPS 点可以大幅度降低钣金与钣金之间的误差，但是分级焊接会形成误差累积，定位策略与焊接顺序的不同组合也会形成不同的变形误差，这些误差都将影响白车身总成精度。优化定位策略和改变焊接顺序对消除误差有非常重要的作用，但由于工作量太大和零件误差等三维因素，通过二维建模的方法无法完成，这时候我们就需要借助 DTAS、3DCS、VSA 这些三维分析软件来帮忙。"

咨询老师打开一张图片，说道："DTAS 3D（三维尺寸公差分析系统，Dimensional Tolerance Analysis System 3D）是一款基于蒙特卡洛原理帮助工程师优化定位策略和改变焊接顺序的软件，软件截图如图 3-4 所示。

第一步，抽取零件上的装配和测量特征，并按照现有制造能力定义相应公差。

第二步，按照实际装配顺序定义模型装配关系（包括各种工装夹具及 RPS 定位等）。

第三步，设定虚拟测量项目（包括面差、间隙等尺寸参数）。

第四步，工程师可以设定虚拟装配数量（图 3-4 中是 5000 次），软件模拟仿真样车装配并反馈相关测量项目的结果数据，包括均值、方差、PPK、拟合分布、合格率、置信区间、灵敏度和贡献度及其排名等。

接下来，工程师根据灵敏度及贡献度排名等优化迭代产品，包括零件公差、装配顺序等，最终满足产品设计要求。"

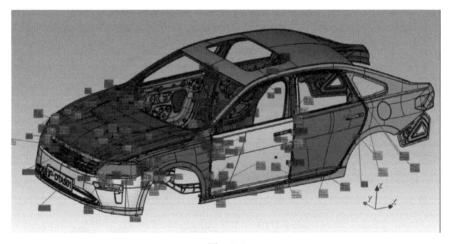

图　3-3

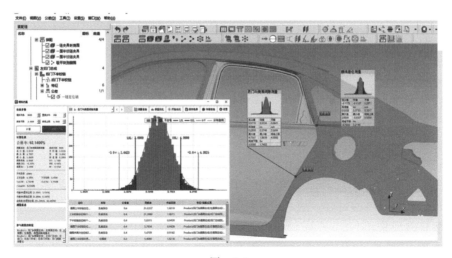

图　3-4

3.2 零件工艺分析

3.2.1 工艺尺寸链的应用

天启："老师，九豪（第 2.3.1 节中提到的案例，附录 E）昨天正在试制样件时，出现了缺加工余量的问题。

零件：轴承座。

工艺过程：用三台普通机床分别完成 OP10、OP20、OP30 工序。

问题详细描述：工序 OP30 的部分轴承孔切削余量不足（黑皮）"。

咨询老师："这个问题很好，可以对比传统技术手段与虚拟制造的差异。

传统技术手段是通过工艺尺寸链计算得到结果，虚拟制造使用的是计算机辅助制造技术。

首先我们来用工艺尺寸链的技术，分析过程及结果如下。

1）余量尺寸链图。用挂面图和追踪法得出 OP30 轴承孔的余量尺寸链如图 3-5 所示（具体思路和方法见《尺寸链那些事儿》）。

2）设计定位销。结合手册推荐与定位孔直径，得出定位销直径为 19.989~20.0mm。

3）计算结果（图 3-6）最小值是 -0.056mm。"

九豪："说明极端情况下没有切削余量，加工时机床在这个地方走空刀。"

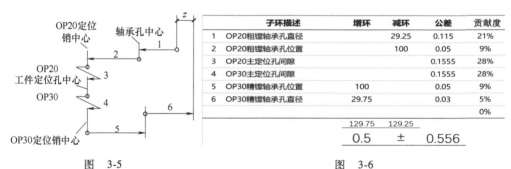

	子环描述	增环	减环	公差	贡献度
1	OP20粗镗轴承直径		29.25	0.115	21%
2	OP20粗镗轴承孔位置		100	0.05	9%
3	OP20主定位孔间隙			0.1555	28%
4	OP30主定位孔间隙			0.1555	28%
5	OP30精镗轴承孔位置	100		0.05	9%
6	OP30精镗轴承直径	29.75		0.03	5%
					0%
		129.75	129.25		
		0.5	±	0.556	

图 3-5   图 3-6

3.2.2 计算机辅助制造（CAM）

咨询老师："好的，现在介绍计算机辅助制造技术。它通过仿真机床刀具的运动轨迹和去除材料的过程，逼真地反映加工环境和加工过程，方便检查加工过程中的干涉碰撞现象。"

九豪："这些功能在很多软件上都可以实现，比如我国的中望 3D 等。"

咨询老师："是的，在此功能基础之上增加相应的程序模块，就可以预测加工精度和余量状态。"

九豪："老师，关于零件工艺过程，除了机加工之外，还有铸造、锻造、焊接，这些都可以用虚拟制造分析吗？"

咨询老师："除了切削过程，还有结构力学、焊接过程、冲压过程和浇注过程仿真，用来解决力学、热力学、材料成形学等分析工作。

计算机辅助制造技术是通过分析零件的技术要求、材料和设备资源的匹配性，来研究零件的工艺性（铸造、锻造、焊接、机加工、装配性能等）。当然，它还可以产出对生产有价值的信息，如工时估计、费用估计等。

常用软件比较多，国内国外都有，且制图软件商和机床系统都有自带的软件。"

3.3 装配工艺分析

3.3.1 产品装配尺寸链应用

天启："老师！虚拟制造的工作就是建立一维、二维、三维的分析模型，在正式生产前发现生产制造当中有可能出现的公差问题。这样说对吗？"

咨询老师："虚拟制造的技术手段包括模型，能解决的问题包括公差，但是它的技术手段和能解决的问题远远不限于此。"

天启："今天正在试装图 2-10 所示的部件，但是遇到了很多阀芯没有压入壳体的情况，是否可以用这种方法来提前发现呢？"

咨询老师："当然可以！也可以同时使用传统技术和虚拟制造两种手段。传统技术手段需要用到产品装配尺寸链。

零件图：壳体与阀芯，如图 3-7 和图 3-8 所示。

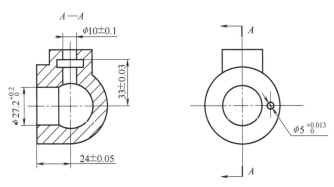

图 3-7

装配夹具：根据图 2-10 设计装配夹具草图，如图 3-9 所示。

分析模型：产品装配尺寸链，如图 3-10 所示。

计算列表：如图 3-11 所示。计算结果：（0 ±
0.248）mm。

各位，能从计算结果看出问题吗？"

天启："当计算结果小于 0 时，代表压头行程不
够，阀芯上表面还没有到壳体的阀芯安装面，所以会
有大量阀芯没有压入壳体。如果我知道了这个方法，
就可以在设计夹具的时候发现问题了，太棒了！"

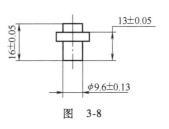

图 3-8

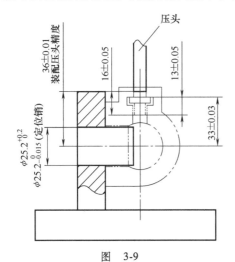

图 3-9

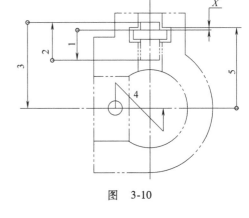

图 3-10

	子环描述	增环	减环	公差
1	阀芯尺寸1		13	0.05
2	阀芯尺寸2	16		0.05
3	装配夹具压头精度尺寸		36	0.01
4	定位销孔偏移	0		0.1075
5	壳体阀芯安装尺寸	33		0.03
		49	49	
		0	±	0.248

图 3-11

九豪自言自语："看来，分析装配工艺目标比较简单，而分析零件制造工艺过
程比较复杂。"

咨询老师："九豪的观点对不对呢？分析一下发动机盖与前车灯之间的间隙，
它是在装配过程产生的，是不是很简单呢？

第一，这里面牵涉很多零件。

第二，这些零件结构都有很复杂的空间几何形状。

九豪同学，是否可以用一维的尺寸链技术来分析这个装配过程呢？"

九豪："哦，装配也有可能是很复杂的，那怎么办呢？"

咨询老师："没关系，用三维的分析软件，如 DTAS3DCS、VSA，装配过程的分析步骤如下。

首先，建立 3D 模型。

第二，根据策划的装配基准按顺序装配。

第三，选择相应的设计目标。

第四，计算机自动计算并输出结果。"

九豪："哦，我明白了，这和 3.1.2 节中的技术手段一样。不同的是，3.1.2 节中用于分析定位基准误差累计对产品的影响，现在是分析零件误差累计对总成的影响。"

咨询老师："回答得非常正确！"

3.3.2　虚拟现实技术

天启："老师，虚拟制造是通过计算机的模型和仿真技术来替代实物进行开发和验证活动吗？"

咨询老师："你总结得很正确，它可以做到。同时虚拟制造还包括神奇的虚拟现实技术。"

天启："张老师，什么是虚拟现实技术？"

咨询老师："它是通过虚拟可视头盔和数据手套来模拟现实的。例如分析一个零件的装配过程，工程师通过虚拟可视头盔不仅可以看到计算机系统给出的 3D 模型，还可以像在 3D 游戏里一样伸手触摸零件，而与此同时计算机通过数据手套采集工程师的手部动作，并将其转化成零件移动和装配信息。以上过程实现了人机交互，把工程师带到虚拟的装配环境，在没有真实样机的情况下，体验并分析整个装机过程。虚拟现实技术不仅可以帮助工程师分析整个装配过程，还可以优化装配工艺过程和输出工艺文件。

在产品设计阶段，工程师可以通过虚拟可视头盔和数据手套来摆脱真实物理样机的约束，真实地体验产品使用状态和性能状态。

虚拟现实技术颠覆了早期开发装配工艺的模式：通过工程师的经验进行手工编制。

这项技术最成功的应用是波音 777 的开发项目。它在整机设计全过程中使用了虚拟现实技术，包括设计、零件制造、装配和测试。项目结果为：更改和返工减少了 50%，装配问题减少了 50%～80%，研制周期缩短了 50% 以上。"

航空、航天、汽车、船舶等领域所涉及的零件数量、集成程度和技术含量比较高，研发周期长。在传统产品开发模式下，需要做出真实物理样机来进行测试和验证，可能要做多次验证才能满足投产的要求。现在，在虚拟现实技术的帮助下，虚拟制造系统可以做到虚拟产品开发（产品外观、结构布局）、虚拟性能功能分析、虚拟装配和虚拟维修操作等，在零物理生产活动的条件下研究，减少物理样机迭代次数，提高产品开发的一次成功率。

虚拟制造的优缺点如下：

1）虚拟制造的功能可以覆盖产品开发全流程，甚至涉及生产、物流、销售等。但本书仅在设定开发目标的第二步工作（从下而上分析公差）的过程中应用。

2）虚拟制造的优越性体现在成本低（脱离实物）、周期短。

3）虚拟制造的不足之处在于，它是新技术，所以很多方面还处于研究和完善阶段。

4）虚拟制造技术的分析结果无法100%替代实物制造的分析结果。

练 习 题

3-1 虚拟制造涵盖的范围是什么？

3-2 虚拟制造的核心是什么？

3-3 简述虚拟制造。

3-4 虚拟制造的优越性体现在什么地方？

3-5 尺寸链分析与虚拟制造的公差分析技术关系是什么？

阶 段 小 结

思梦："咨询老师您好！我从项目管理的角度问个问题。公差工程可以帮企业得到三点收益：缩短开发周期、减少开发成本、提升项目质量。我想知道是怎么体现这三点收益的？"

咨询老师："好问题，我们把它作为本次阶段小结要讨论的内容之一。首先我请大家回顾一下，在本阶段我们学到了哪些工具？"

九豪："第一，夹具误差分析，包括机加工夹具、焊接夹具和装配夹具。第二，设计尺寸链和工艺尺寸链，分析误差的累计过程。第三，面对一些复杂的工艺过程和产品结构，采用三维软件帮助分析的思路。"

咨询老师："说得非常好！在这些方法当中，我们有没有把零件、模具、夹具制造出来呢？"

思梦："没有，我们只是在摆脱实物约束的条件下，对零件进行了系统的分析。"

咨询老师："是的，这些方法和软件能在摆脱实物约束的情况下，得出大量的分析数据。这些数据虽然不能100%替代实物验证的结果，但这些数据在改进产品、工艺及夹具的设计时能极大程度地接近实物验证结果。如果没有这些方法，项目组只能通过实物生产制造才能够得到支撑方案修改的数据。另外，生产实物需要较长的生产周期，而理论计算和软件模拟可以在很短的时间内完成。综上所述，产品开发的周期和产品开发的成本在这些方法的帮助下有很大程度的削减。"

丁一珊："老师，我认同您的观点。但是每个项目的设计目标和工艺目标太多，即便是理论计算和软件模拟也会用不少的时间，是否有更好的方法呢？"

　　咨询老师："这个问题非常好！我们学习一下物料 ABC 管理模式。A 类物料价值高，使用时才领取而且有人记录并盘点；B 类物料价值中等，使用时才领取，定期盘点；C 类物料价值低，如塑料薄膜，放在指定位置方便使用，无须记录盘点。

　　所以根据 FMEA（失效模式与影响分析）的结果，可以把零件的尺寸定义为安全特性、重要特性等一系列特殊特性。针对这些特殊特性等级的不同，采取不同的管控模式即可减轻工作量。"

第4章

简 练 设 计

4.1 机械结构

公差咨询项目顺利地完成了前三个阶段的工作。今天，公差咨询项目团队成立了一个问题研讨工作室，工作室的目的是解决大家工作中遇到的实际问题。所以，学员需要准备一下资料作为课程案例，包括但不限于下面的这些内容：设定公差目标、优化结构和公差设计、工艺方案、工艺目标、测量和装配过程的研究。咨询老师将带领大家从锁定问题开始，通过分析原因，最终论证出具体的解决方案。

4.1.1 装配关系

天启（试生产主管）向九豪报告了一个异常情况：一个油封从正在调试的新设备上脱离了。于是九豪先来到现场查看情况，然后带着天启来到了工作室，并报告了油封脱离的问题。咨询老师对油封安装结构（图 4-1）进行了分析。

咨询老师："任何机械结构的正常运行都有一定的技术要求。油封内孔中心和旋转主轴中心会有一定的安装偏移量，这个偏移量会导致油封受到不对称的径向力且沿圆周方向循环转动。当偏移量增加时，力的不对称程度增加，不对称程度超过一定数值后，油封会产生沿圆周方向的微量松动和位移，最终脱离安装孔位。所以，当我们选择油封结构时，就应该把对应的技术要求作为这个设备的设计目标之一，才能确保油封正常工作。"

九豪："把油封的使用技术要求作为设计目标。"

咨询老师："的确如此。图 4-1 所示的机械结构，油封内孔中心与压紧螺母密封面中心偏移量的尺寸链计算（图 4-2）共由七个子环组成。图 4-3 所示的机械结构，偏移量的尺寸链计算只有五个子环（图 4-4）。这两种机械结构的尺寸链计算如图 4-5 所示。从计算结果来看，左边旋转密封面偏移量（挤压油封的变化量）是右边 4 倍，从这一点上看，图 4-3 所示的结构远远优于图 4-1。当然，我们不否认图 4-1 所示的结构减小了轴向空间，让设备更加紧凑。"

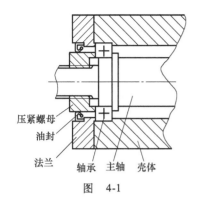

压紧螺母
油封
法兰　轴承　主轴　壳体

图 4-1

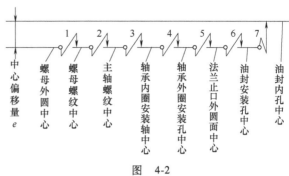

中心偏移量 e
螺母外圆中心
螺母螺纹中心
主轴螺纹中心
轴承内圈安装轴中心
轴承外圈安装孔中心
法兰止口外圆面中心
油封安装孔中心
油封内孔中心

图 4-2

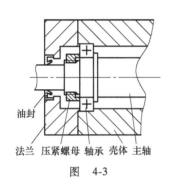

油封
法兰　压紧螺母　轴承　壳体　主轴

图 4-3

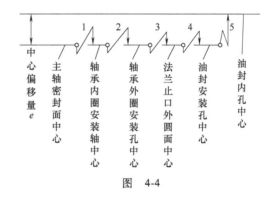

中心偏移量 e
主轴密封面中心
轴承内圈安装轴中心
轴承外圈安装孔中心
法兰止口外圆面中心
油封安装孔中心
油封内孔中心

图 4-4

链环号	子环描述	增环	减环	公差	链环号	子环描述	增环	减环	公差
1	同轴度—螺母外圆与螺纹	0		0.1					
2	装配偏移—内外螺纹的间隙	0		0.3					
3	同轴度—主轴螺纹与轴承安装面	0		0.05	1	同轴度—主轴密封面与轴承安装面	0		0.03
4	同轴度—轴承内外圈安装面	0		0.01	2	同轴度—轴承内外圈安装面	0		0.01
5	装配偏移—法兰止口外圆面与壳体内孔的间隙	0		0.05	3	装配偏移—法兰止口外圆面与壳体内孔的间隙	0		0.05
6	同轴度—法兰止口与油封安装面	0		0.03	4	同轴度—法兰止口与油封安装面	0		0.03
7	同轴度—油封内外圆	0		0.02	5	同轴度—油封内外圆	0		0.02
		0	0				0	0	
		0	±	**0.56**			**0**	±	**0.14**

图 4-5

九豪似乎领悟到了什么道理，自言自语道："人们常说，设计工程师掌握设计权限，想怎么设计就怎么设计。我看这句话要这样理解才对：

想怎么设计——设计工程师正确分析产品功能要求和机械结构的技术要求。

就怎么设计——把分析结果作为设计目标。

《道德经》中'无我'的境界，在这里也能找到印证呀。"

4.1.2 零件几何结构

九豪报告了另外一个问题，计算机壳体焊接流水线有一个尺寸（200±0.1）mm 超差。如图 4-6 所示，产品由左右两块完全相同的零件拼接并在图中所示位置进行点焊。

咨询老师："哦，这个问题涉及钣金焊接件结构设计技巧，是工程师错误地选择对接搭接结构所致。如果改成图 4-7 所示结构，就会很容易控制（200±0.1）mm 的尺寸了。"

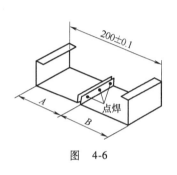

图 4-6

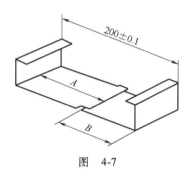

图 4-7

九豪："什么是对接搭接结构？"

咨询老师："这个很容易理解，图 4-6 和图 4-7 都是由两个零件焊在一起，两个零件之间必须有用来焊接的贴合面。

图 4-6 所示的贴合面方向与所要控制的尺寸方向呈 90°，称为对接。此时被控尺寸误差受零件尺寸 A 和 B 的误差影响，控制起来比较困难。

图 4-7 所示贴合面方向与所要控制尺寸方向平行，称为搭接。焊接时，可以通过调整两个零件的位置而避免被控尺寸受零件尺寸 A 和 B 的影响，更容易将其控制在（200±0.1）mm。"

4.1.3 优化结构而调整设计目标

天启："张老师，听你这么一说，我彻底明白了。我还发现一个和这相似的案例，可以讨论一下吗？"

咨询老师："请讲。"

天启："如图 4-8 所示，A 处剖视图为翼子板与前照灯间隙配合关系。图 4-9（原始设计）所示间隙的测量方向几乎垂直于评估视野方向，间隙配合情况几乎完全暴露出来，客户的视觉敏感度极高。

图 4-10（优化后方案）所示间隙的测量方向几乎平行于评估视野方向，客户很难发现间隙配合情况，从而把视觉敏感度降到了最低，为制造过程留出更多的公差。"

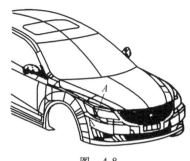

图 4-8

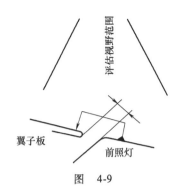

图 4-9

咨询老师："天启，您说得非常好！

第一，这的确是一个典型的改变机械结构而优化公差设计的案例。

第二，它与 4.1.1 节和 4.1.2 节中的案例有本质上的区别。4.1.1 节和 4.1.2 节中的新结构减少了制造过程中的误差积累，不改变设计目标，而上例中的新结构将改变设计目标。在确保同样的视觉效果下，图 4-10 所示结构间隙允许的误差范围可以远大于图 4-9 所示结构。"

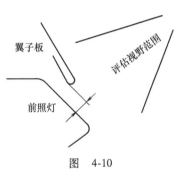

图 4-10

天启："哦，我听懂了，而且我也想明白另外一个问题。可以通过加大间隙的公称尺寸而弱化视觉敏感度。例如，车门的间隙为（2±1）mm，最宽的缝隙 3mm 是最窄的缝隙 1mm 的 3 倍，视觉效果体验很差；如果把公称尺寸从 2mm 改成 10mm，那么最大的缝隙是 11mm，最小的缝隙是 9mm，这样视觉效果体验很好，从而达到弱化视觉敏感度的目的。"

4.1.4　锯削工装案例

九豪介绍了 1.1.4 节中锯削工装的案例。

九豪："上次会议，我们重新设定了锯削工装的设计目标。本次工作室希望做到优化机械结构、引导工艺和测量支持设计目标达成等工作。"

咨询老师根据这个案例涉及的技术领域，选择了解决问题必要的机械工程、物理学，甚至几何学的相关知识，并用了半个小时的时间来讲授，他希望可以用这些知识武装学员们的思想。在接下来的一个小时，学员分组讨论，目的是从结构设计和公差分配层面进一步分析总成设计目标的达成方案，有必要可以将总成设计目标分解至下一级。最后在大家共同努力下完成了表 4-1、图 4-11 和图 4-12。

大家就这样完成了几个案例的讨论，不知不觉中已接近下班时间。咨询老师让大家总结今天最大的收获，九豪的总结让大家印象深刻。

九豪："想怎么设计就怎么设计？做设计工程师就要做有开发目标的设计工程师。

表 4-1　总成设计目标

问题	分析过程	子功能要求	量化和评价方法	现状	设计目标	改善措施
锯削工装晃动引起锯齿损坏(锯片寿命短)	锯削工装晃动导致锯片晃动	空载晃动量	常温下,锯片轴向位移范围	0.08mm	0.04mm	图 4-12,锯片压紧盘与主轴中心的垂直度要求 0.01mm
		主轴刚性	70kg 体重下压端部变形量	0.58mm	0.1mm	轴承到锯片端面距离从 85mm 改为 42mm
						主轴贯穿压紧盘
		轴向窜动量	主轴轴向自由晃动量	0.25mm	0.01mm	深沟球轴承改成两个背对背角接触轴承
	晃动的锯片与工件摩擦后发热变形加剧晃动	温升量	连续切削时温度最高上升量	160℃	80℃	锯片端面与前进方向夹角:0.04/200mm
		变形量	锯片自转时,最高温度与常温时的跳动差值	0.49mm	0.2mm	锯片压紧盘直径 70mm 增加至 105mm
			锯片前进时,最高温度与常温时的跳动差值	0.36mm	0.2mm	锯片压紧面中心开直径 85mm 的槽,释放锯片受热变形量

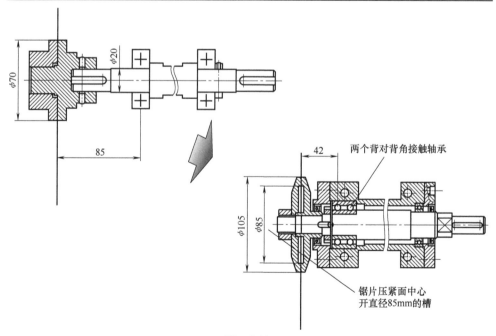

图　4-11

在产品开发初期把设计预期分
解成量化的开发目标，可以更
好地协调产品开发资源（所需
要的人力、物力等）达成设计
预期。"

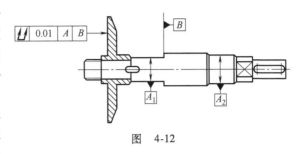

图 4-12

咨询老师："设定明确的开
发目标，不仅可以协调产品开
发资源，还可以协调工艺、质

量和装配过程的开发资源。欲知如何协调？请慢慢看完本书。"

4.2　公差标注

咨询老师给所有学员留了一个课后作业。图4-13所示左右两种不同标注的区别。

4.2.1　标注在公差工程中的重大意义

天启："这两种标注应该一样，没有区别。
都可以拿卡尺直接测量。"

质量部东阳："左边的标注不可以。

左边标注的是位置尺寸，因为下面的圆圈
代表基准。测量方法是把圆圈代表的底面放在

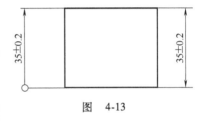

图 4-13

大理石平台上建基准，用高度规或百分表测量出表面相对于大理石平台的位置值。

右边标注是实体尺寸，用两点法（卡尺、千分尺）进行测量。

咨询老师："解释得非常到位！位置尺寸标注的公差带如图4-14所示，仅上表
面。实体尺寸标注的公差带如图4-15所示，上下两个面都有。"

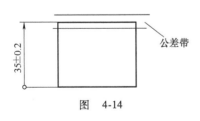

图 4-14

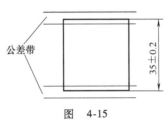

图 4-15

东阳："如图4-16所示的反例。零件下表
面向内凹0.45mm，上表面完美；上下表面距
离如图所示是35mm。同样一个零件，如果标
注实体尺寸，此零件不合格；如果标注位置尺
寸，此零件合格。"

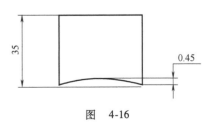

图 4-16

天启："看来，零件标注位置尺寸时，只需加工上表面即可；标注实体尺寸时，需要加工上下两个表面。总结：制造成本不同。"

司梦："哦，如果这样问题就来了，请问标注时哪个尺寸更好？是位置尺寸，还是实体尺寸呢？"

咨询老师："这里其实隐藏着公差标注的底层逻辑：功能决定标注、标注间接决定工艺并直接决定测量、测量决定装配现场的零件状态。它贯穿公差工程的始终，从设计开始到工艺、测量，直至最后的装配。

案例一，用很粗的老树根做的桌子，只需将上表面加工平整，而底部只需要稳定着地即可。制造过程中仅加工上表面（节约成本），仅测量上表面，所以标注位置尺寸即可。

案例二，金属密封垫片，两面都有密封功能。则两面都需要精密加工，所以需要标注实体尺寸。"

司梦："从项目管理的角度来看非常重要，设计工程师错误标注尺寸的危害很大。

一、增加制造部门工作量，甚至误导工艺方案。

二、误导测量方案和方法。

三、流入装配线的零件不满足装配要求。

四、极端情况下，某些尺寸不承载任何机械功能。"

咨询老师："是的，非常重要，可以说是牵一发而动全身。标注相当于一个重要的枢纽，向上它是确保产品开发目标实现的具体技术指标，向下是制造过程开发的工作目标。这个枢纽的功能很好地协调了设计、工艺、测量和装配等相关资源。"

4.2.2 标注思路

咨询老师："有一个密封条失效的轴承案例，可以充分说明标注的重要性。产品图样如图4-17所示，工艺过程按此图标注的尺寸控制轴承内外圈。装配后密封条压紧量的尺寸链计算如图4-18所示，封闭环计算结果为（4±1.5）mm。为确保

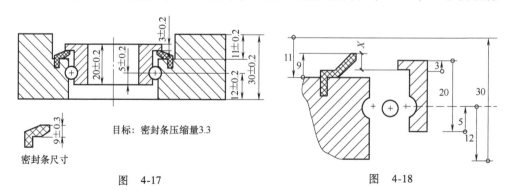

图 4-17　　　　　　　　　　　　　　　　图 4-18

密封条最小压缩量 3.3mm 的要求，调整封闭环公称尺寸为 4.8mm，从而导致密封条压缩量达到了 6.0mm，超过密封条允许的工作范围（调整封闭环是尺寸链计算的知识，本书不做展开）。"

九豪："我知道这个案例。修改轴承图样如图 4-19 所示，这种标注下密封条压缩量的尺寸链计算如图 4-20 所示，计算结果为（4±0.6）mm，大大减少了极端情况的压缩量。"

司梦："嗯，封闭环的公差值从 1.5mm 降低到了 0.7mm。在没有采用更高精度加工设备的情况下，大大提高了总成的装配精度从而达成产品开发目标。"

丁一山："这个案例给我一个感悟，我想推翻一个流传好多年的尺寸链分析的经验：尺寸链图要找最短路径。我觉得这句话可能有问题，如果标注思路是从产品功能要求出发推导功能尺寸，特别是用几何公差进行标注时，控制对象和基准系是唯一对应关联的，不会出现多个路径的情况。"

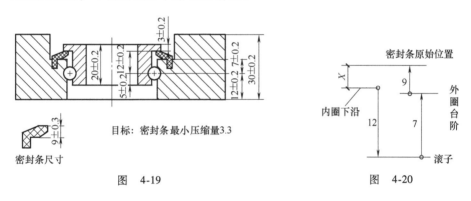

图　4-19　　　　　　　　　　　图　4-20

4.2.3　两代公差系统

天启："张老师，听说公差咨询项目组认为我们公司公差应用水平太低（以线性尺寸公差为主），所以计划下周开展"几何公差高级应用"的课程。内容包括两代公差标注系统；第一代是线性尺寸公差，第二代是几何公差，而且第二代公差标注系统会大面积地替代第一代。"

咨询老师："的确是这样，但不能完全替代，它们各自有优缺点。

第一代线性尺寸公差是在工业革命前发明的，有近 300 年历史。它的优点是标注、理解和测量都很简单。它分为四类：

1）实体尺寸：一对对称的表面要素加中心要素组成的形体，常见的典型形体有孔、轴、板、槽等。

2）位置尺寸：两个形体之间的位置关系，并且其中一个形体是另外一个形体的基准。

3）角度尺寸。

4）形状尺寸：包括圆角、倒角等。

第二代几何公差是 1900 年以后发明的，1949 年以后才开始大面积推广。几何公差比线性尺寸公差复杂，但是它更有优越性。可以把几何公差分为以下三部分：

1）14 个几何公差符号。

2）基准系的应用。

3）在确保功能满足的情况下，各种提高合格率的补偿符号。

关于这两代公差标注系统的详细内容和应用经验，建议参看机械工业出版社的《几何公差那些事儿》。"

司梦："几何公差为什么会替代线性尺寸公差呢？"

咨询老师："我们比较一下两代公差的优缺点，就可以发现替代或不被替代的原因。

第一，实体要素标注线性尺寸的优点是测量简单（图 4-21）。例如：孔、轴、板、槽这类形体用两点法（卡尺）测量即可。

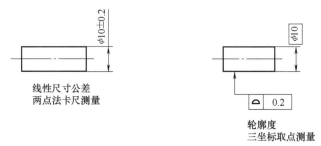

图　4-21

第二，几何公差合格率高。如图 4-22 所示的零件一和零件二。假设零件一的轴是完美状态，直径为 6mm（无尺寸误差和几何误差），轴心到两边的距离是 10mm 并处于完美状态；零件二的孔是完美状态，直径为 8mm。装配时产品底边和两侧面贴平如图 4-23 所示。在确保安全装配的前提下，分别用线性尺寸和几何公差标注零件二的孔位置，结果几何公差合格零件的公差带面积多 57%。详解如下：

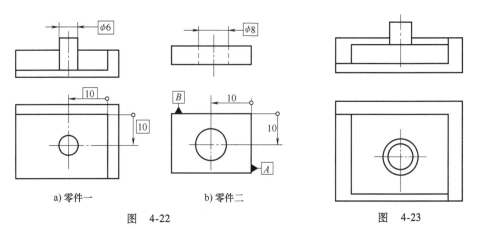

a) 零件一　　　　b) 零件二

图　4-22　　　　　　　　　　　　图　4-23

线性尺寸标注（图 4-24）得到长宽均为 1.414mm 的正方形公差带，如图 4-26 所示。

几何公差标注（图 4-25）得到直径为 2mm 的圆形公差带，如图 4-26 所示。

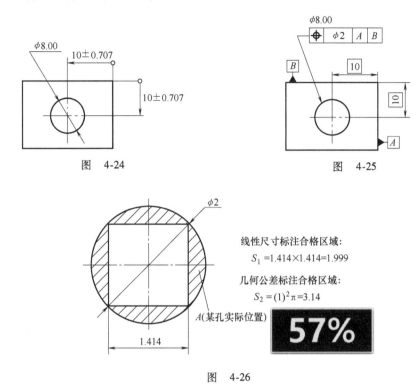

图 4-24　　　　　　　　　　　图 4-25

线性尺寸标注合格区域：
$$S_1 = 1.414 \times 1.414 = 1.999$$

几何公差标注合格区域：
$$S_2 = (1)^2 \pi = 3.14$$

57%

图 4-26

第三，几何公差能更清晰地在制造系统中执行基准系的要求。如图 4-27 所示，直径 8mm 的孔相对于零件中心斜了导致无法和配合件装配，但测量结果是合格的。因为线性尺寸并没办法将被控对象和基准系之间的关系表达清楚，更无法表达零件

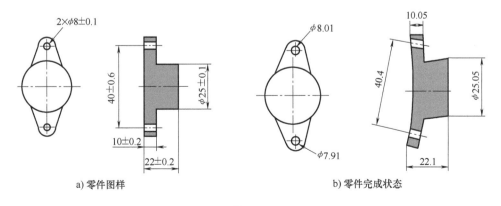

a) 零件图样　　　　　　　　　　　b) 零件完成状态

图 4-27

第一、第二、第三基准之间的关系。所以标注线性尺寸公差的图样对工艺工程师和质量工程师有很高的要求，他们需要研究产品的功能、基准和基准系。

第四，几何公差更适合现在的加工和测量水平。早期，因为测量和加工手段落后，控制有基准系要求的几何公差比较困难，同时尺寸公差标注与测量比较简单，所以应用广泛。现在，测量和加工手段不断升级，同时公差理论和测量技术的进步（如复合公差、相对位置等），使得几何公差测量更加简单和低成本。"

4.3 公差设计思路

4.3.1 善用辅助图与表

九豪："我有一个难题，是关于空调压缩机的活塞直径和缸体直径的公差设计问题。见附录 D，有以下四个已知条件：

1）活塞环的外圆直径 30.15~30.16mm。

2）功能要求：缸体孔和活塞之间能承载恒定运动速度；设计目标 1：间隙值（0.08±0.04）mm。

3）功能要求：恒定压力—密封；设计目标 2：活塞与缸体孔之间间隙（0.05±0.03）mm。

4）功能要求：恒定压力—密封；设计目标 3：活塞环与缸体孔过盈量（0.075±0.025）mm。

此问题涉及三个形体要同时控制（活塞、活塞环和缸体），关键是它们之间还有冲突，所以我就不知道该如何设计公差了？"

咨询老师："这个问题我们可以这样解决。解决问题的逻辑是从已知信息推导出未知信息。现在我们的任务是通过设计三个零件的直径公差值来达成上面的设计目标，那是否其中有哪个零件的直径是已知的呢？"

九豪："活塞环是标准件，它的直径公差已经确定。"

咨询老师："非常好！这是我们的突破口，当然还要借助图表。

第一步，绘制如图 4-28 所示的坐标系，其中横坐标代表直径公差带分布；纵坐标上记录零件名及其功能要求。图中黑色方块为活塞环的公差带 T1。

第二步，如图 4-29 所示，根据设计目标 3 绘制缸体孔公差带 T2；再根据设计目标 1 和设计目标 2，分别绘制活塞直径公差带 T3 和 T4。此时发现 T3 和 T4 的分布并没有重合，这表明设计目标值之间有冲突，如何解决见下文。

第三步，如图 4-30 所示，首先对公差带 T2 进行加严，这样公差带 T3 和 T4 就会得到相应的放松，就有重合的部分了。

第四步，如图 4-31 所示，取两个虚线框内的公差带分别给到活塞外径和缸体孔内径，这样就可以同时满足我们的设计目标 1、设计目标 2、设计目标 3 了。"

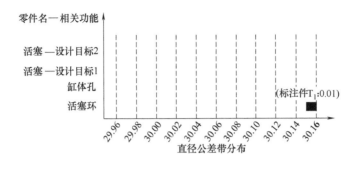

图　4-28

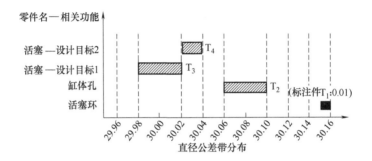

图　4-29

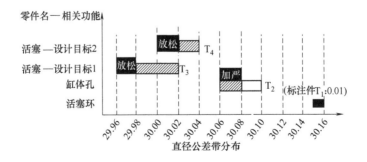

图　4-30

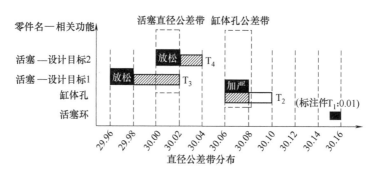

图 4-31

九豪:"公差带变化的过程有点像爬动的毛毛虫,我可以叫它毛毛虫图吗?"

咨询老师:"当然可以!从设计目标跨越到零件的功能尺寸时,一方面有些零件结构复杂,另一方面某些尺寸之间会相互影响和冲突,这时候需要借用各种图表来解决各种公差值设定的问题。"

4.3.2 其他公差设计思路和技巧

咨询老师继续说道:"公差是一门应用学科,需要根据实际情况灵活地变通。公差方面的创新几乎都是由工程师在解决具体问题时提出的,一旦这个创新被广泛采用就有可能被写入标准中。"

咨询老师看大家听完之后渴望的眼神,于是开始一个接一个地举例。

VC 实效边界:为简化一面多孔结构的标注和尺寸链计算问题,提出实际有效设计边界的概念。详细内容可见《几何公差那些事儿》第 6.3.4 节。

延伸公差带:铸件螺纹孔引起的测量对象与装配不符的情况下提出。详细内容可见《几何公差那些事儿》第 5.1.3 节。

……

咨询老师:"各位!总结一下,所有公差符号和公差标准的目的都是简化设计工作和科学地提高合格率。"

练 习 题

4-1 钣金焊接件的贴合面有几种结构分类?

4-2 什么前提条件下可以通过优化产品结构来调整设计目标?

4-3 公差标注的底层逻辑是什么?

4-4 如何解释想怎么设计就怎么设计?

4-5 简述错误标注尺寸的危害。

4-6 简述线性尺寸公差的优点。

4-7 简述几何公差的优点。

第5章

优化工艺

5.1 工艺方法

5.1.1 工序调整

天启按照第 4.1.2 节中介绍的搭接结构（B 和 C 之间的贴合面）设计了如图 5-1 所示的焊接总成。但是图中尺寸 $L\pm l$ 误差较大。

咨询老师："天启，请先给我介绍一下这个零件的焊接顺序是什么？"

天启："焊接顺序 OP10：B+C→BC；OP20：BC+A→ABC，如图 5-2 所示。

咨询老师："仅仅采用搭接的结构是不够的，我们还要控制焊接顺序。

如图 5-2 所示的焊接顺序导致尺寸 $L\pm l$ 由两个尺寸（$X\pm x$ 和 $Y\pm y$）累加而成，其中 $X\pm x$ 是由 OP10 焊接定位工装保证，$Y\pm y$ 是零件 A 的尺寸误差。

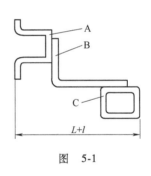

图 5-1

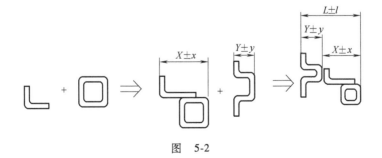

图 5-2

如图 5-3 所示的焊接顺序，OP05：A+B→AB；OP15：AB+C→ABC。$L\pm l$ 的尺寸仅由 OP15 的焊接工装直接保证。

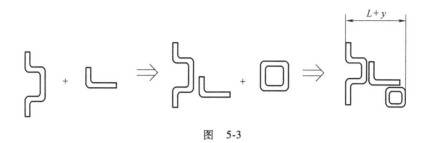

图 5-3

经验总结：工序安排很重要，可以向着产品开发目标有利的方向调整。包括焊接、机加工、装配等。"

5.1.2 现场修配法

天启："张老师，在上次工作室中，我们设计了图样 4-12，其中的法兰和传动轴已经加工完成，但无法保证装配后图样所示跳动值。目前我们已经用最高精度的机床加工，实际测量值仍然大于 0.04mm。"

咨询老师："这个问题可以这样解决。

首先，把法兰和传动轴一一对应编号成组。

其次，用螺母拧紧法兰。

最后，在磨床上用传动轴的中心孔定位磨削法兰端面。

记住成组的组件磨削之后，法兰和轴一一对应不可与其他组互换。"

天启："这个方法好！相当于把法兰和传动轴的装配体当成一个零件，这样法兰端面到传动轴中心的精度就是机床的加工精度。"

咨询老师："总结得非常到位！这种方法通常被称为修配法。但是它有一个很大的缺点，仅适用于单件小批量的生产方式，大批量生产时不适用。"

5.2 定位误差

5.2.1 优化定位误差

咨询老师："同学们！工艺过程开发助力设计目标达成的三个路径：优化工艺方法、减少定位误差和提高设备能力。现在我们来讨论减少定位误差，有没有伙伴有相关案例可以分享？"

建明："我有一个关于熔化焊接工装案例。零件如图 5-4 所示，失败的定位焊接夹具如图 5-5 所示。一般情况下，我们会选精度比较高的表面 [$\phi(7.96 \sim 8.00)$ mm] 作为定位

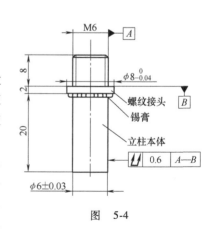

图 5-4

基准，定位误差计算如下：

第一步，工件与定位元件之间的间隙导致工件在焊接工装中倾斜的最极端情况如图5-6所示。间隙值0.06mm，定位面厚度2mm，完全倾斜角度α可以这样计算。也就是说接头的头部倾斜量，在力臂的作用下会增加到0.27mm。

$$\sin\alpha = \frac{\frac{0.06}{2}}{1} = \frac{\Delta_1}{9}, \Delta_1 = 0.27\text{mm}$$

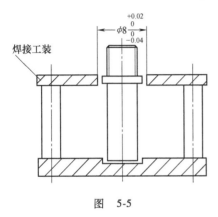

图 5-5

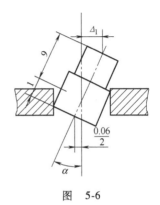

图 5-6

第二步，如图5-7所示。总成是以螺纹面为第一基准，α角度是恒定不变的，ϕ6mm立柱本体很长，会进一步增加倾斜量，三角函数计算结果是立柱中心偏移量为0.6mm，跳动将达到1.2mm，远超过图样要求。"

$$\sin\alpha = \frac{\frac{0.06}{2}}{1} = \frac{0.27}{9} = \frac{\Delta_2}{20}, \Delta_2 = 0.6\text{mm}$$

在大家表示明白以后，建明给出了改善方案，如图5-8所示。

建明："设计一个新的定位工装（图5-8），两处孔轴配合联合定位：$\phi(5.96 \sim 5.98)$mm的孔与螺纹配合，$\Delta_3 = 0.05$mm，$\phi(8.03 \sim 8.05)$mm的孔与ϕ8mm的圆柱配合，$\Delta_4 = 0.045$mm。由三角函数关系可得

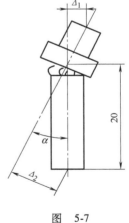

图 5-7

$$\sin\alpha = \frac{\Delta_3}{10-l_1} = \frac{\Delta_4}{l_1} = \frac{0.05}{10-l_1} = \frac{0.045}{l_1}, l_1 = 4.74\text{mm}$$

焊接后，α角度不变，仍可用上面三角函数计算图5-9中的Δ_5

$$\sin\alpha = \frac{\Delta_3}{5.26} = \frac{0.05}{5.26} = \frac{\Delta_5}{24.74}, \Delta_5 = 0.24\text{mm}$$

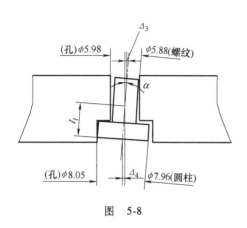

图　5-8

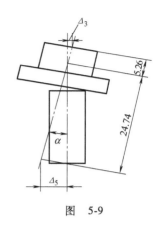

图　5-9

这样，立柱本体就不会超出全跳动的公差值 0.6mm。"

咨询老师："这个案例非常好，我想大家都应该看出来了，精度高的表面不一定能获得较高的定位精度。"

司梦："张老师，您把我讲糊涂了。我们以后用什么样的形体做基准才比较准呢？"

咨询老师："很多时候，知道和做到是两回事情。我只要问你一个问题，你马上就知道了。那就是：什么是你所谓的准呢？"

司梦："定位精度高。"

咨询老师："你如何判断定位精度高呢？"

司梦："计算定位误差呀。"

咨询老师："所以……？"

大伙一起说道："啊，不纠结准不准的概念，直接计算定位误差才是王道呀！"

5.2.2　建立工艺基准

天启拿着附录 E 案例的尺寸链计算结果（图 3-6），问道："轴承座的加工余量不足，可以通过减少定位误差来解决吗？"

咨询老师："可以的。图 3-6 中最后一列贡献度，占比最大的两项是主定位孔与定位销之间的间隙产生的工件偏移。如果加严此定位孔的尺寸精度为 20.00～20.05mm 后，计算结果（图 5-10）是 0.2mm＞0.4mm/3，满足工艺开发目标。"

	子环描述	增环	减环	公差	贡献度
1	OP20粗镗轴承孔直径		29.25	0.115	21%
2	OP20粗镗轴承孔位置		100	0.05	9%
3	OP20主定位孔间隙			0.0255	5%
4	OP30主定位孔间隙			0.0255	5%
5	OP30精镗轴承孔位置	100		0.05	9%
6	OP30精镗轴承孔直径	29.75		0.03	5%
					0%
		129.75	129.25		
		0.5	±	0.3	

图　5-10

九豪："张老师，我还有一个方法也可以解决这个问题。在同一台机床上，一次装夹完零件后同时完成 OP20 和 OP30 的加工，这样余量的尺寸链如图 5-11 所示,计算列表如图 5-12 所示,从结果可以看出,满足工艺目标。缺点是只适合单件小批量生产,因为换刀工作非常浪费时间,会影响生产率。"

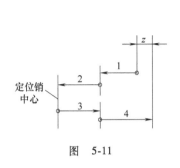

图 5-11

	子环描述	增环	减环	公差	贡献度
1	OP20粗镗轴承孔直径		29.25	0.115	21%
2	OP20粗镗轴承孔位置		100	0.05	9%
3	OP30精镗轴承孔位置	100		0.05	9%
4	OP30精镗轴承孔直径	29.75		0.03	5%
					0%
		129.75	129.25		
		0.5	±	0.25	

图 5-12

咨询老师:"方法完全正确!你担心的地方也没有关系,我们可以采用带刀库的加工中心进行加工,这样可以满足大批量生产模式。"

丁一山:"这样附录 E 案例 5 的加工余量不足就有了三种解决方案:

方案一,优化工艺方法。用一台机床,一次装夹加工 OP20、OP30 两个工序。

方案二,减少定位误差。建立工艺孔。

方案三,提高设备能力。用数控机床替代普通机床。"

5.3 设备能力

司梦:"张老师!我想请教一下,附录 A 案例 1。

首先确定设计目标。见产品开发目标的内容:从使用功能(电子链接器的导电性)推导至端子和导电触片的重合长度要超过 0.3mm。

其次建立装配的极限状态和封闭环,如图 5-13 所示。极限状态:端子和导电触片长度都是最小值,分别为 0.3mm 和 0.8mm,两个零件的左侧平齐。封闭环:导电触片左侧向左超出端子左侧的值,记作 X(图 5-14)。当 X 大于 0 时,重合长度超过 0.3mm,反之不满足要求。

最后建立尺寸链如图 5-14 所示,计算列表如图 5-15 所示。结果为 (0.25 ± 0.325)mm。最小值是 -0.075mm,不满足要求。"

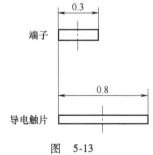

图 5-13

咨询老师:"非常好的案例,可以从提高设备的制造能力来谈一谈。提升导电触片和端子的位置度,从 0.2mm 提升到 0.1mm,则计算列表如图 5-16 所示,结果满足设计目标。"

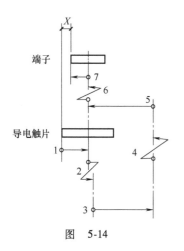

图 5-14

子环	描述	增环	减环	公差
1	导电触片宽度的一半	0.45		0.05
2	导电触片位置度	0		0.1
3	导电触片理论中心位置	5		0
4	插头插槽装配间隙	0		0.025
5	端子理论中心位置		5	0
6	端子位置度	0		0.1
7	端子宽度的一半		0.2	0.05
		5.45	5.2	
			0.25±0.325	

图 5-15

子环	描述	增环	减环	公差
1	导电触片宽度的一半	0.45		0.05
2	导电触片位置度	0		0.05
3	导电触片理论中心位置	5		0
4	插头插槽装配间隙	0		0.025
5	端子理论中心位置		5	0
6	端子位置度	0		0.05
7	端子宽度的一半		0.2	0.05
		5.45	5.2	
			0.25±0.225	

图 5-16

九豪："张老师，我有另外一个方法同样可以解决这个问题。如图 5-17 所示的计算列表，把导电触片的宽度尺寸从（0.9±0.1）mm 增加到（1.1±0.1）mm，计算结果为（0.35±0.325）mm，最小值大于零，满足设计目标。所以这个问题有两个解决方案。哈哈，只要思想不滑坡，方法总比困难多。"

咨询老师："非常厉害！表面上看是这一个问题有两种解决方案，而深入研究后发现其揭示了公差工程的真谛。公差工程通过提前设定设计目标，使得四大开发过程（设计、工艺、测量和装配）有效地组织起来，实现同步开发和相互协调，从而在缩短产品开发周期的情况下保证较高的产品设计预期的达成率。"

子环	描述	增环	减环	公差
1	导电触片宽度的一半	0.55		0.05
2	导电触片位置度	0		0.1
3	导电触片理论中心位置	5		0
4	插头插槽装配间隙	0		0.025
5	端子理论中心位置		5	0
6	端子位置度	0		0.1
7	端子宽度的一半		0.2	0.05
		5.55	5.2	
			0.35±0.325	

图 5-17

练 习 题

5-1　优化工艺的常见思路是什么？

5-2　为确保产品精度，在焊接和装配后再进行机加工的方法是什么？有什么缺点？

5-3　定位精度是否由基准形体的精度直接体现？

第6章

精 准 装 配

6.1 装配顺序

咨询老师："同学们，如何利用装配过程开发助力设计目标的达成？首先看图6-1所示的法兰，装入配合件的状态如图6-2所示。图6-2中共有4个螺栓，拧紧这4个螺栓有没有特殊要求？"

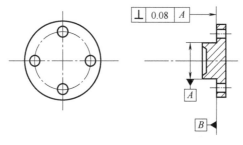

图　6-1

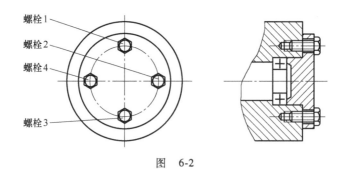

图　6-2

天启："这种圆周方向的多个螺栓拧紧是有两个严格要求的。第一，拧紧顺序沿对角线方向；第二，每一个螺栓的锁紧任务要分2~3个阶段完成。具体操作如下：

第一阶段，预拧螺栓。转动螺栓1，推动法兰前移至法兰表面碰到配合件即可（要点：此时螺栓不能产生拉力）；然后同样要求转动对角线螺栓3；最后依次转动螺栓2和螺栓4。

第二阶段，拧紧螺栓。用较大的力矩拧紧螺栓，螺栓产生的拉力使法兰与配合件之间产生一定正压力。拧紧顺序依然是1→3→2→4。

第三阶段，标定力矩。对于要求比较高的连接，设计工程师会提出螺栓的锁紧力矩值。需要用扭力扳手旋转螺栓到要求的力矩，拧紧顺序依然是1→3→2→4。"

咨询老师："非常好，对整个过程描述得非常详细！为什么一定要按对角线并分阶段拧紧螺栓呢？"

待大家思考几分钟后，咨询老师："这个问题可以这样分析。

零件图6-1中，法兰 B 基准面的垂直度要求 0.08mm。

法兰极限状态如图6-3所示，法兰 B 基准面中间凸出，假设配合件表面形状完美。

装配极限状况如图6-4所示，按图示方向拧入螺栓，螺栓将推动法兰使其发生倾斜，让法兰端面的上半部分贴平配合件，此时对角线处（法兰端面的下半部分）将与配合件之间产生间隙。随着螺栓继续拧入将使法兰和配合件表面金属材料发生弹性变形，这个变形将使法兰倾斜程度加剧，增加间隙值。当对角线处第二个螺栓拧入同样大小的力矩时，这个间隙也无法完全消除，无法消除的间隙将导致一些功能失效，如密封性能。"

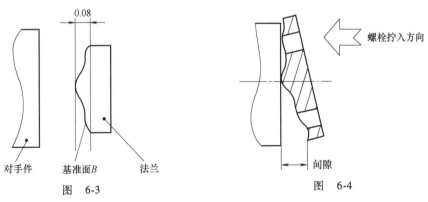

图　6-3　　　　　　　　　　　　　　图　6-4

6.2　分组装配法

九豪："图6-5所示为间隙配合的孔轴结构：间隙要求 0.01~0.03mm，孔的直径为 10.00~10.04mm（制造能力极限）。请问如何设定轴的尺寸公差？以及如何确保装配达成间隙要求？"

咨询老师："这种制造能力不足的情况下，可以用分组装配法。如图6-6所示，

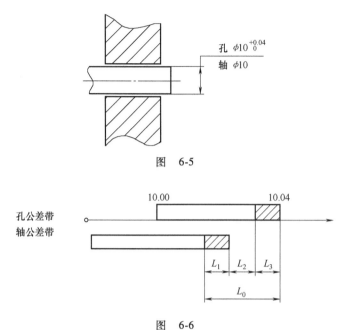

图　6-5

图　6-6

建坐标轴绘制孔的公差带 10.0~10.04mm，和轴的公差带。根据零件装配间隙的最大最小值要求：$L_2 = 0.01$mm，$L_0 = 0.03$mm。如是得出如下公式：

$$L_1 + L_2 + L_3 = L_0$$

取 $$L_1 = L_3$$

得 $$L_1 = L_3 = (0.03 - 0.01)\text{mm}/2 = 0.01\text{mm}$$

由此得出阴影部分为第一分组，尺寸要求：孔径 10.03~10.04mm；轴径 10.01~10.02mm。

依此类推，可以分为四组。

第二分组，尺寸要求：孔径 10.02~10.03mm；轴径 10.00~10.01mm。

第三分组，尺寸要求：孔径 10.01~10.02mm；轴径 9.99~10.00mm。

第四分组，尺寸要求：孔径 10.00~10.01mm；轴径 9.98~9.99mm。"

6.3　补偿环与修配法

司梦："我们看图 6-7 所示的机械结构，轴承装配需要有一定的轴向间隙，假设间隙 X 的设计目标为 0~0.05mm。建立尺寸链传递如图 6-8 所示，计算结果如图 6-9 所示，发现 X 值为 -0.24~0mm。因此零件装配时，无法达到设计目标，请问各位怎么办？"

咨询老师："有两种补偿环的方法来调整零件的间隙。

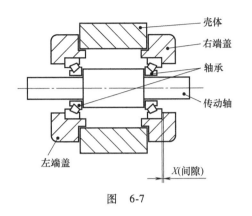

图 6-7

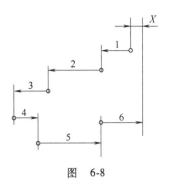

图 6-8

	子环描述	增环	减环	公差
1	轴承		5	0
2	传动轴台阶长度		25.12	0.03
3	轴承		5	0
4	左端盖轴承与壳体安装面间距	6		0.03
5	壳体长度	23		0.03
6	右端盖轴承与壳体安装面间距	6		0.03
		35	35.12	
		-0.12	±	0.12

图 6-9

第一种，如图 6-10 所示，根据间隙情况在右端盖和壳体之间加装垫片，一次可以用多个垫片（薄垫片提前准备好，厚度在 0.01~0.2mm）。

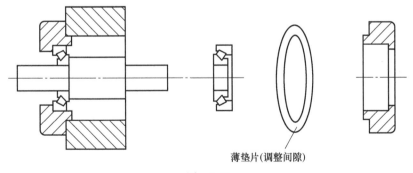

薄垫片(调整间隙)

图 6-10

第二种，可以采用再加工一刀的方法。将图 6-9 中的 6 号尺寸环公称尺寸调整为 6.24mm，这样尺寸链计算结果将变成图 6-11 所示的 0~0.24mm。当间隙过大时，可以通过车削右端盖表面（图 6-12），确保达成设计目标。"

九豪："第二种是否叫修配法？"

咨询老师："九豪同学说得非常棒！在装配时修去指定零件上预留的修配量，以达到装配精度的方法称为修配法。"

子环描述	增环	减环	公差
轴承		5	0
传动轴台阶长度		25.12	0.03
轴承		5	0
左端盖轴承与壳体安装面间距	6		0.03
壳体长度	23		0.03
右端盖轴承与壳体安装面间距	6.24		0.03
	35.24	35.12	
	0.12	±	**0.12**

图 6-11

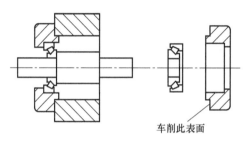

车削此表面

图 6-12

6.4 主动测量配合调整法

天启："附录 C 案例 3 中的锯切工装所有零部件已完成，目前正在装配调试阶段。表 2-2 中一个改善措施（主轴与导轨垂直）不知如何执行，要求是锯片端面与前进方向夹角误差小于 0.04/200。其实要求的是导轨和锯片之间的平行度。"

咨询老师："这个问题需要主动测量和调整法同时应用才能解决。选择合适零件作为调整件，在装配时改变它的相对位置，以达到装配精度的方法称为调整法。

如图 6-13 所示，把整个锯削工装作为调整件，并将它与导轨之间的螺栓半松

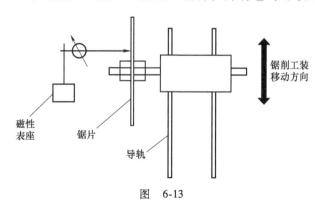

磁性
表座

锯片

导轨

锯削工装
移动方向

图 6-13

开，在锯削工装沿导轨前后移动的状态下用百分表测量锯片端面。当跳动值大于目标要求时，用橡胶锤向减小跳动值的方向敲击锯削工装，当跳动值小于目标要求时，锁紧锯削工装与导轨之间的螺栓。"

天启："请问，还有其他方法可以确保装配过程达成设计目标吗？"

6.5　热装

热装又称热套，是具有过盈量配合的两个零件，装配时先将包容件加热胀大，再将被包容件装入到配合位置的过程。

6.6　冷装

冷装又称冷嵌，是具有过盈量配合的两个零件，装配时先将被包容件用冷却剂冷却，使其尺寸收缩，再装入包容件使其达到配合位置的过程。

练　习　题

6-1　提高装配精度的方法有哪些？

6-2　为什么要分组装配？

第7章

无误测量

咨询老师："各位同学！今天研究如何通过开发测量过程来助力设计目标。现在谁来分享一下：什么是测量？"

大家各自表达了自己的观点：

使用测量仪器和工具，通过测量和计算，得到一系列测量数据。

经过观测或实验测定距离、温度、速度等的数值。

将被测对象与具有计量单位的标准量在数值上进行比较，从而确定两者比值的实验认识过程。

……

咨询老师："你们回答得都很好！但是从公差工程角度来谈测量，有不同的定义：用测量结果真实地反映装配状态（功能要求和设计目标），助力设计意图最终达成。测量结果分为计数型和计量型两类。

计量型测量是用测量的数据真实反映零件的装配状态。

计数型测量是模拟最严苛的装配状态。"

司梦："计量型测量中，无论用什么样的仪器测量，测量结果与真实值之间始终有一定的误差。那么这个误差对真实的反映装配状态有什么影响呢？"

咨询老师："非常棒！一语道出测量过程开发的要点，简单描述就四个字：无误测量。尽一切可能消除测量过程中的误差，是测量过程开发的重要工作目标之一。

为了完成消除测量误差的工作，我们要研究两个内容：误差的来源和误差的数学规律。误差的来源包括人、机、料、法、环。误差的数学规律包括系统误差、随机误差和粗大误差。大家都熟悉这些内容吗？"

司梦："人：人为原因引起的测量误差；机：测量器具引起的误差；料：被测零件本身的误差；法：测量方法不够完善引起的误差；环：由于测量环境的影响而产生的测量误差。例如，温度的变化导致零件的尺寸变化。"

咨询老师："系统误差是指测量过程中某些固定的原因引起的一类误差，它具有重复性、单向性、可测性。即在相同的条件下，重复测定时会重复出现，使测定结果偏离真值的大小和方向恒定。例如，用千分尺测量零件时，校准千分尺的量块的误差，对每次测量结果的影响都是相同的。

随机误差也称为偶然误差和不定误差，是在同一被测定量的多次测量过程中，由于许多未能控制或无法严格控制的因素随机作用而形成的具有相互抵偿性和统计规律性的测量误差。误差的大小和方向都不固定，也无法测量或校正。例如，在量块制造过程中，由于温度、湿度和设备的运动间隙等因素的影响，导致每个量块的真值不断随机的围绕目标值波动。"

天启："老师，你把我说糊涂了！为什么两个量块的误差，一会儿是系统误差，一会儿是随机误差呢？"

咨询老师："哈哈！用一个量块对千分尺进行校准时，这个量块的误差是恒定不变的。这个误差将伴随千分尺一直存在并影响测量结果，所有测量结果的规律是偏离真值的方向和大小一致，所以此时是系统误差。

量块生产过程将产生很多个量块，每个量块测量值与目标值都有一定的误差，这个误差的方向和大小是随机的，所以是随机误差。

另外，系统误差和随机误差不是绝对的，一定条件下是可以转化的。"

等大家消化后，咨询老师又继续讲。

咨询老师："除此之外，当我们的技术水平提升后，有一些随机误差的规律被我们掌握并被控制时，也有可能会转成系统误差。"

天启："老师，请问什么是粗大误差？"

咨询老师："粗大误差是指测量过程异常引起测量结果明显超出合理误差范围的误差。引起原因有：异常的振动、噪声、工作疏忽、仪器故障等。"

看到大家频频点头，咨询老师："非常好！看来大家都已经掌握了以上的这些基础知识，它们将帮助我们做好测量过程开发，从而助力设计目标达成。

接下来我们聊一聊具体思路：第一，消除测量方案的误差；第二，消除测量执行系统的误差；第三，用好主动测量的制造系统。"

7.1　测量方案的误差

7.1.1　测量方法与取点方法

咨询老师："如图 7-1 所示的案例，测量方法为两点法，具体量具可以用千分尺或通止规。当零件实际情况如图 7-2 所示，虽测量合格但无法装入对手件。因为零件的形状误差导致轴的实际有效通过直径达到了 5.1mm，大于对手件的孔径 5mm，所以无法装配。

解决方案如图 7-3 所示，在尺寸公差后加 Ⓔ（包容原则）。测量时若用通规，则检测面长度要覆盖到整根轴的轴向长度。当然也可以用三坐标做全形状扫描。"

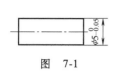

图 7-1

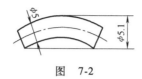

图 7-2

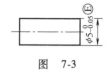

图 7-3

司梦："图 7-1 对应的测量方法是两点法。在被测对象上任意取对称的两个点之间的距离作为评价结果。图 7-3 对应的取点要求是被测对象全形状。装配要求是整根轴全形状装入，所以后者测量方法更吻合装配实际。"

话刚落音，九豪提问："如图 7-4 所示的减振器，产品内外圈都是金属圆环，在内外圈之间有一圈硫化橡胶层。由于高温硫化的热胀冷缩和收口工艺导致外圆成波纹状或椭圆状，所以尺寸超差。"

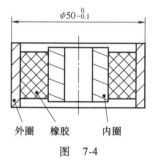

图 7-4

咨询老师："这个问题要分析一下装配过程：

减振器直接压入刚性的车架安装孔，产生一定的过盈量提供恒定的压紧力即可。由于减振器外圈是薄壁圆环且橡胶有弹性，即使是波纹状或椭圆状外圈也可以安全压入安装孔。剩下的问题是研究不均匀的过盈量和过盈力的关系。

经过相关的实验，我们发现外圈直径的平均值与过盈力有很强的关系，修改后如图 7-5 所示。目前的测量方法是沿圆周旋转，均匀选择 12 个方向取点测量，然后取其平均值作为测量结果。"

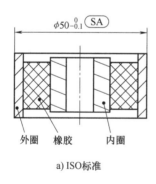

a) ISO 标准

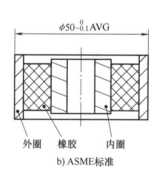

b) ASME 标准

图 7-5

九豪："老师，我听明白了！同时我有一个问题：同样是直径标注却谈到了三种不同的测量方法，这是为什么呢？"

咨询老师："你是个会问好问题的人！表面上看同样的外圆直径采用了不同的测量方法和取点方法，本质上却隐藏着公差应用的逻辑，结论如下：

一、表面上是标注的尺寸或符号，本质是体现的功能要求。请记住，功能尺寸——承载功能的尺寸。

二、测量方法和取点要求要服务于零件的功能要求，或者说测量过程最终目的是助力产品实现设计意图。"

7.1.2 基准和基准系

咨询老师："同学们！如图 7-6 所示的图样，生产出来的零件形状与尺寸如图 7-7 所示，请问此零件是否合格？"

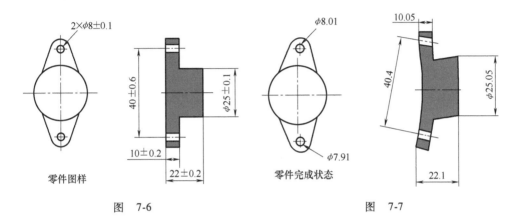

图 7-6   图 7-7

九豪："这个零件不合格！因为它无法进行装配，不满足 7.1.1 节得出的结论——测量过程最终目的是助力产品实现设计意图。"

东阳："从质量部角度出发，我有不同意见。实际零件中孔径和孔间距的测量值都满足图样标注要求呀。"

司梦："哎呀，这种情况在我们企业经常遇到。某些零件测量合格但是无法装配，同时还有一些零件测量不合格却能够进行装配，这是怎么回事呢？"

咨询老师："好的，同学们！我们来梳理下，假设各位都是设计工程师，你们在绘制这张法兰图样时，把 8mm 的光孔对称分布在零件的两端，此时你对这两个孔有什么设计预期？"

九豪："推理此零件的装配关系为：直径 25mm 的轴装入配合件的孔完成定位，然后 2 个螺栓通过直径 8mm 的通孔装入配合件。

两孔承载的功能：确保装配时通过两个对称分布的螺栓。

解读图 7-7：两孔相对于基准（直径 25mm 轴的中心）倾斜后无法确保螺栓装配。"

咨询老师："很好，对称关系确保螺栓能装入配合件。

再假设各位是普通的一线测量员，对这个零件的装配关系一无所知。如何测量图 7-6 中的（40±0.6）mm 这个尺寸呢？"

天启："我会采用最简单的方法，直接测量两孔之间的中心距离。后果是：

一方面，无法控制两孔相对于基准（直径25mm轴的中心）的对称及位置关系。

另一方面，无法控制两孔的轴心相对于基准轴心的方向关系。"

咨询老师："是的，这就是我们测量过程当中一个非常重要的误差来源。错误标注或错误选择测量方案，引起测量基准与装配基准不统一，最终导致测量结果无法真实地反映装配状态，无法助力设计意图最终达成。"

司梦："张老师！经过刚才的讨论，我发现测量人员在建立基准系、选择测量方法和取点方式时的确长期存在上述的很多问题。我们应如何规避呢？"

咨询老师："两个方法。第一，测量人员对产品的功能要求和工艺过程要非常理解，选择最合适的测量方法。这就是老师傅们非常吃香的原因。

第二，设计工程师充分地剖析零件功能要求和装配关系，同时紧跟公差的发展步伐，采用最新的公差符号和标注方法，让每个尺寸都能清晰地表达产品功能和基准系。

例如，GB/T 1182—2018、ASME Y14.5—2018、ISO 1101：2017等。这些标准在不断更新完善，再也不是仅仅记录十四个公差符号的初级阶段，它们记录了大量表达产品功能的先进经验和技巧，让图样更加吻合生产实际，大大降低了因错误测量方案而导致测量误差的概率。具体内容可以参考《几何公差那些事儿》。"

7.2　测量执行系统误差

咨询老师："选择了最合适的测量方案之后，执行测量任务的测量执行系统是否会产生相应的误差呢？关于这个问题谁能帮我解释一下呢？"

司梦："老师！在汽车行业的五大手册中有一个叫MSA（测量系统分析）的工具，可以解决这个问题。

MSA是使用数理统计和图表的方法，对测量系统的分辨率和误差进行分析评估。一方面判断目前的测量执行系统是否适合被测量参数；另一方面评估系统中误差的主要成分。"

咨询老师："司梦的介绍非常准确。若大家有需要，它的内容可另外安排一整天时间和大家分享。从公差工程的角度出发，测量系统分析可以从两方面助力设计目标的达成。第一，发现测量系统中人为的误差（为再现性）；第二，发现设备的误差（重复性）。"

7.2.1　人员误差

人员误差是人为原因引起的测量误差，这种误差的影响因素很多。例如，熟练程度、用力习惯、估读数据、眼睛分辨能力等。

7.2.2　基准件误差

基准件又称标准样件，很多工厂都会使用，常用于校准测量仪器。由于基准件不可避免的存在制造误差（包括量块），而这个误差将作为系统误差永久输入测量系统。所以在制造过程中，基准件的误差不得超过总测量误差的 1/5（总测量误差小于产品被测件公差的 1/10）。

7.2.3　测量设备误差

咨询老师："测量器具本身同样会引起的测量误差。误差来源有设计原理、零件制造误差、总成调整误差等。"

九豪："张老师！我一直挺好奇，检具的某些关键零件误差值大于检具的分辨率，我一直想知道它们之间的关系。"

咨询老师："这可是个技术活，是测量设备开发的重要技巧，与检测机构的几何结构、工人调整技能都有非常大的关系。在公差工程中，我们可以把测量设备、测量者和被测对象当作一个黑匣子系统，如果它能够输出稳定的测量数据，我们就认为测量系统和测量设备都是满足要求的。测量设备误差的评价指标有重复性、再现性、稳定性、偏倚、线性。我们将在下次 MSA 的专题课上详细介绍。"

7.3　主动测量的制造系统

咨询老师："请问，主动测量和被动测量有什么区别？"

司梦："我们通常看到的测量过程都是被动测量，也就是在零件加工完成之后进行的测量工作。

主动测量是指在工件加工过程当中进行测量，并把测量结果在线反馈到制造系统，修正工件的加工精度。"

咨询老师："非常好！能否举一个主动测量的案例？"

天启："涡轮增压器的传动轴与浮动轴承配合部位尺寸公差 0.003mm。在磨削加工时，有一个测量头在线测量直径并反馈测量结果，磨床根据测量结果调整砂轮的位置，确保产品精度。"

咨询老师："非常好！这就是主动测量在制造中的一种应用。

目前还有另外一种借助大数据技术的应用模式。例如，拉伸一个深长孔，工程师用计算机监控一万个拉伸的参数，包括拉伸的力、冲头的位移速度、位移加速度等。然后在这一万个记录中找寻一种关系，这种关系是不良品的缺陷模式与参数规律之间的规律。在接下来的生产过程中，就可以监控生产过程中的参数变化情况，一旦上面的规律出现就提前停机或调整来避免缺陷的发生。"

练 习 题

7-1 什么是测量？

7-2 什么是计量型测量？

7-3 什么是计数型测量？

7-4 用一个词形容最完美的测量。

7-5 测量误差的来源有哪些？

7-6 误差的数学规律是什么？

7-7 测量过程开发如何助力设计目标达成？

7-8 测量方法和取点方法本质上体现的是什么？

7-9 如果图样不规范，如何让测量工作更完美？

7-10 测量设备误差的评价指标有哪些？

7-11 什么是主动测量？

阶 段 小 结

在首次样件验证结果评估会议结束后第二周，立刻展开了公差工程咨询项目第四阶段总结会议。在会议上，最吸引眼球的是各小组汇报的以下四项资料。

（1）同步优化清单 在样件事之前，针对虚拟验证得到的需要优化的各项开发目标（包括产品开发目标、工艺开发目标、夹具开发目标）以及对应改善方案。

（2）开发周期进度记录 与历史项目比较，从样件试制、验证、评估到改善阶段的周期明显缩短。

（3）开发成本统计记录 与历史项目比较，产品样件验证后，因设计变更带来的产品、模具、夹具甚至设备的变更投资情况明显大量减少。

（4）样件验证不符合项清单 与历史项目比较，整改项目和成本明显减少。

会后，总经理刘建和已退休的丁小强进行了一些沟通。丁小强是技术中心的前总经理、教授级高级工程师，是飞腾夏华汽车集团的技术奠基者之一，也是丁一山的爷爷。

刘建："丁老，我们知道您关心下一代的成长。所以今天邀请您来公司参加今天的会议，您感觉如何呀？"

丁小强感触良多得说："时代变化太快呀！工程师们都很优秀，比我们懂得多。同时我有两个担心的小问题。

第一，工程师们的知识和能力范围远不及我们年代的工程师。比如工程师们用同步优化小组讨论共同找到解决方案（当然这个方法好），但是我看到有的问题是设计工程师不熟悉工艺或质量工作造成的，如果设计工程师知识覆盖面可以广一点，也许设计初期就解决了。

第二，我们能看到很多新的工具方法，可以更方便地研究产品，把开发过程中的难度、要点显性化，的确便于开发管理和沟通工作。但是我担心这样会不会投入过多的人力和物力呢？一方面是要配备庞大的工程师团队，而另一方面需要大量的岗前培训和训练才能发挥这套系统的威力。"

刘建："丁老，您说得真对！我们也已经看到了这两个问题。

第一个问题是老一辈工程师比新一代工程师的知识面和能力范围更广。这与时代成长环境有关系，老一辈的设计师大多数有工艺背景、质量背景，最后再成为一个优秀的设计师，这样的成长时间至少在十年以上。现在，高节奏的发展模式很难有这么长的培养周期呀。

第二个问题呢，我们会做更多的技术资料，看似投入了大量的人力和物力，但实际上可以让企业做好技术传承积累（避免企业对个别技术骨干个人经验的依赖），也可以让同样人数的团队承载更多的项目。原因有三点：第一，这些资料可以让工程师们更容易知道其他部门的工作内容，工作要点，而更好地确保项目质量；第二，可以作为新项目开发的技术基础，加快后续项目的速度，规避前面项目所遇到的坑；第三，可以作为新员工的学习资料，快速提升各岗位新工程师们的工作技能。"

丁小强："哦，原来如此呀。你们年轻人干得不错，很棒呀！而且我还发现整个系统从产品功能出发向后传递分解和控制，并把这些功能作为考核指标，这样极大地调动了四大开发资源，确保了产品开发的质量和周期。看来飞腾夏华汽车集团更有希望了，加油！"

答 案 部 分

第 1 章

1-1 选择题

1. 从（A）的角度出发可以把产品功能分为外观功能、操控性、使用功能和其他功能。

    A. 满足用户需求   B. 机械自身结构属性

    C. 产品作用   D. 产品开发

2. 从（B）的角度出发可以把功能分为装配实现、制程定位、精密配合、密封、保持几何形状、传递力、传递力矩、传递运动和传递能量。

    A. 满足用户需求   B. 机械自身结构属性

    C. 产品作用   D. 产品开发

3. 产品具备（A）和（B）两类功能。

    A. 产品功能   B. 机械功能

    C. 产品作用   D. 产品开发

1-2 判断题

总成的功能要求一定归属产品功能，而不是机械功能。（×）

1-3 什么是产品功能要求？

答：满足人们需求的某种属性，被称之为功能要求。在产品开发过程中将被转化或分解为技术质量指标（技术特征）。

1-4 产品功能要求的作用是什么？

答：一方面，可以给客户期望的体验；另一方面，给产品开发过程提供目标。

第 2 章

2-1 什么是产品开发目标？

答：产品开发目标是一份文件，包含产品开发的功能要求和设计目标。在项目初期，工程师们根据对标产品和实际制造水平，定义产品的一系列技术质量指标和参数值，以确保产品达到设计预期。在汽车行业常用的技术文件 DTS，就是其中之一。

2-2　什么是设计目标？

答：承载产品功能要求的技术质量指标的参数值，这个值将有效地管理开发资源和技术力量。

2-3　什么是功能尺寸？

答：能确保满足产品功能要求的总成、部件和零件的相关尺寸。

2-4　什么是公差目标？

答：功能尺寸的设计目标包括基本尺寸和允许波动范围，这个波动范围的值被称为公差。在公差工程工作中被称为公差目标，是公差工程的工作起点。

2-5　设定开发目标工作不可或缺的内容是什么？

答：第一，从上而下。从整机开发目标出发，层层分解至零件，传递工艺开发目标和定位策略。

第二，从下而上。从制造精度出发，用尺寸链计算和软件虚拟制造，把公差层层叠加到部件、总成，最后到整机。

第三，当前面两个工作结果冲突时，要进行同步优化来达到整车产品开发目标。包括优化产品设计、零件工艺、装配过程，甚至是测量过程。特殊情况下，也可修改整机设计目标。

2-6　由装配过程形成的公差目标值，设定的方法是什么？

答：第一，试验设计（DOE）结果。

第二，经验估计法。

第三，根据功能要求推导出结果。

第四，通过几何关系计算出结果。

第五，前人总结的相关标准和设计规范。

2-7　需求导向的公差设计思路是什么？

答：第一步，厘清产品的功能要求和装配关系。

第二步，风险分析或计算。

第三步，选择合适的公差符号表达公差带。

2-8　如何设定零件公差？

答：第一，参考近期类似项目。

第二，设计者不可调整的公差。机床标准公差等级、标准件精度等。

第三，根据上一级的产品开发目标分解。

第四，零件的几何关系计算。

第五，采用尺寸链计算。

2-9 什么是工艺开发目标？

答：1）目的：确保零件制造过程和装配过程满足产品开发目标。

2）第一种分类：零件制造工艺开发目标、装配工艺开发目标和工装夹具工艺开发目标。

3）第二种分类：与产品尺寸相关的工艺开发目标、与工艺过程参数相关的工艺开发目标。

2-10 用一句话说明 RPS 点是什么？

答：白车身焊接工艺基准。

第 3 章

3-1 虚拟制造涵盖的范围是什么？

答：虚拟产品开发、虚拟性能功能分析、虚拟装配和虚拟维修操作等。

3-2 虚拟制造的核心是什么？

答：虚拟制造的核心是建模。

3-3 简述虚拟制造。

答：通过模型对实际制造系统的全过程进行数字化抽象分析，并用分析的结果指导产品的同步优化过程。

3-4 虚拟制造的优越性体现在什么地方？

答：第一，在计算机上验证产品开发和工艺开发工作，从而摆脱对实物的依赖（成本）。

第二，缩短开发时间（周期）。

3-5 尺寸链分析与虚拟制造的公差分析技术关系是什么？

答：1）目的相同：建立分析模型摆脱对实物的依赖，找极限状态分析此产品实际生产的精度状况。

2）简单的由尺寸链技术和几何关系计算即可，但复杂的要借助虚拟制造技术的软件。

3）虚拟制造的建模方式和算法逻辑可以更准确地体现实际制造情况。

第 4 章

4-1 钣金焊接件的贴合面有几种结构分类？

答：贴合面方向与所要控制的尺寸方向成 90°，被称之为对接。

贴合面方向与所要控制尺寸方向平行，被称之为搭接。

4-2 什么前提条件下可以通过优化产品结构来调整设计目标？

答：确保有同样效果的用户体验。

4-3 公差标注的底层逻辑是什么？

答：功能决定标注、标注间接决定工艺并直接决定测量、测量决定装配现场的零件状态。

4-4 如何解释想怎么设计就怎么设计？

答：想怎么设计——设计工程师正确分析产品功能要求和机械结构的技术要求。

就怎么设计——把分析结果作为设计目标。

4-5 简述错误标注尺寸的危害。

答：1）增加制造部门工作量，甚至误导工艺方案。

2）误导测量方案和方法。

3）流入装配线的零件不满足装配要求。

4）极端情况下，某些尺寸不承载任何机械功能。

4-6 简述线性尺寸公差的优点。

答：标注、理解和测量都很简单。

4-7 简述几何公差的优点。

答：1）合格率高。

2）能更清晰的在制造系统中执行基准系的要求。

3）更适合现在的加工和测量水平。

第 5 章

5-1 优化工艺的常见思路是什么？

答：优化工艺方法、减少定位误差、提高设备能力。

5-2 为确保产品精度，在焊接和装配后再进行机加工的方法是什么？有什么缺点？

答：修配法。缺点是适合单件小批量的生产，不适合大批量生产。

5-3 定位精度是否由基准形体的精度直接体现？

答：不一定，可能毛坯基准比精加工基准的定位精度更高。因为定位精度由定位误差分析结果决定。

第 6 章

6-1 提高装配精度的方法有哪些？

答：装配顺序、分组装配法、补偿环与修配法、主动测量配合调整法。

6-2 为什么要分组装配？

答：当零件的制造能力不足时，把零件分组，大配大，小配小，从而得到较高的间隙要求。

第 7 章

7-1　什么是测量？

答：用测量结果真实地反映装配状态（功能要求和设计目标），助力设计意图最终达成。

7-2　什么是计量型测量？

答：用测量的数据真实反映零件的装配状态。

7-3　什么是计数型测量？

答：模拟最严苛的装配状态。

7-4　用一个词形容最完美的测量。

答：无误测量。

7-5　测量误差的来源有哪些？

答：人、机、料、法、环。

人：人为原因引起的测量误差。

机：测量器具引起的误差。

料：被测零件本身的误差。

法：测量方法不够完善引起的误差。

环：由于测量环境的影响而产生的测量误差。

7-6　误差的数学规律是什么？

答：系统误差、随机误差和粗大误差。

7-7　测量过程开发如何助力设计目标达成？

答：第一，消除测量方案的误差。

第二，消除测量执行系统的误差。

第三，用好主动测量的制造系统。

7-8　测量方法和取点方法本质上体现的是什么？

答：功能要求。

7-9　如果图样不规范，如何让测量工作更完美？

答：测量人员对产品的功能要求和工艺过程要非常理解，选择最合适的测量方法。

7-10　测量设备误差的评价指标有哪些？

答：重复性、再现性、稳定性、偏倚、线性。

7-11　什么是主动测量？

答：主动测量是指在工件加工过程当中进行测量，并把测量结果在线反馈到制造系统，修正工件的加工精度。

附　录

附录A　案例1：电子连接器

背景说明：确定电子连接器的导电触片与端子接触面积。产品开发目标如图A-1所示。产品机械结构包含插槽和插头。

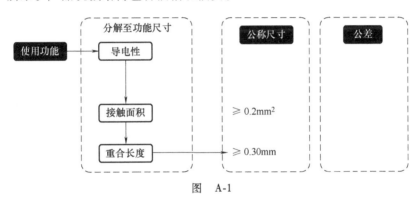

图　A-1

插槽如图A-2所示。

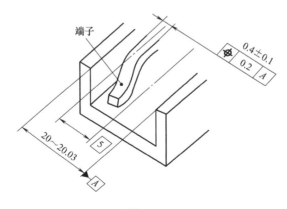

图　A-2

插头如图 A-3 所示。

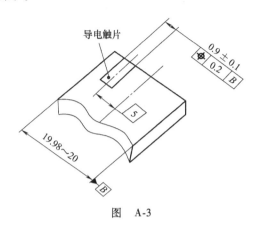

图　A-3

附录 B　案例 2：通信天线

背景说明：通信天线杂音问题。

解决方案：焊瘤与信号导体之间间隙大于 0.2mm。产品开发目标如图 B-1 所示。产品机械结构如图 B-2 所示。

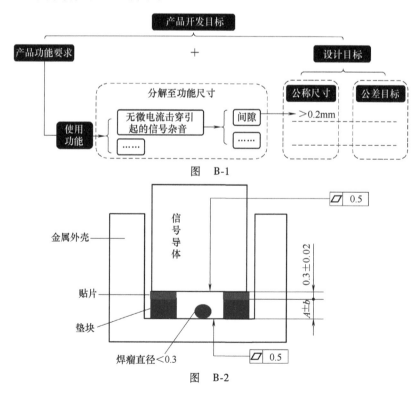

图　B-1

图　B-2

附录 C 案例 3：锯削工装

背景说明：锯削工装的稳定性影响锯片寿命。工装开发目标如图 C-1 所示。工装原始机械结构如图 C-2 所示。

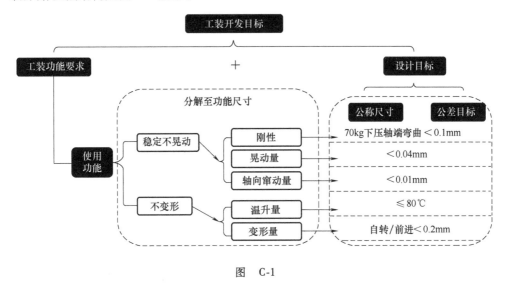

图 C-1

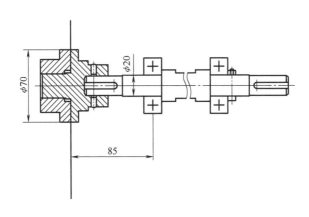

图 C-2

附录 D 案例 4：活塞环间隙

背景说明：产品空调压缩机，确保缸体、活塞和活塞环三者之间的装配间隙。产品开发目标如图 D-1 所示。产品机械结构如图 D-2 所示。

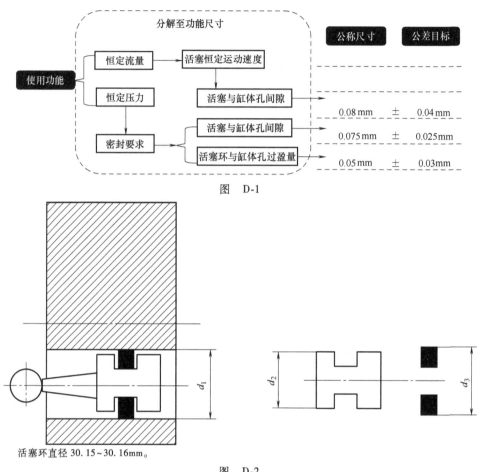

图　D-1

活塞环直径 30.15~30.16mm。

图　D-2

附录 E　案例 5：轴承座镗孔

背景说明：镗加工余量不足（黑皮）。工艺开发目标如图 E-1 所示。

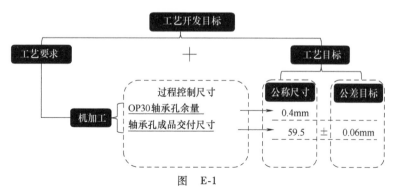

图　E-1

零件图如图 E-2 所示。

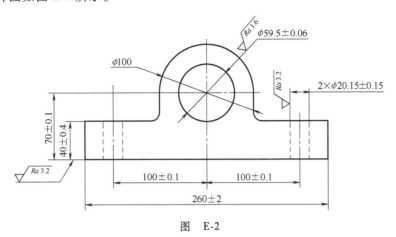

图 E-2

毛坯如图 E-3 所示。

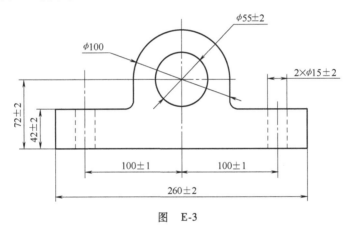

图 E-3

工序 OP10：铣底面，钻两孔，如图 E-4 所示。

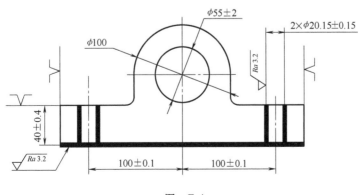

图 E-4

工序 OP20：粗镗内孔，如图 E-5 所示。

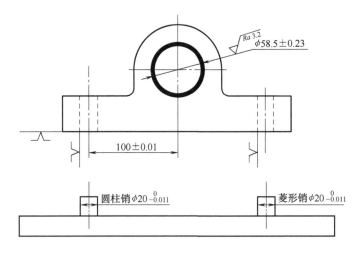

图　E-5

工序 OP30：精镗内孔，如图 E-6 所示。

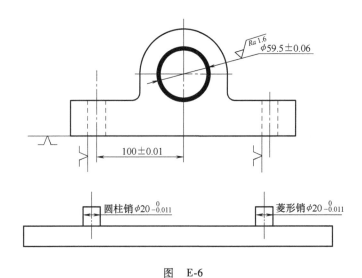

图　E-6

附录 F　公差工程逻辑图

新项目逻辑图如图 F-1 所示。

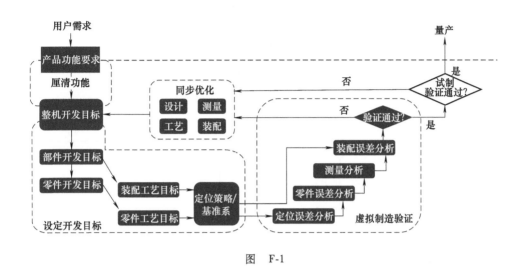

图　F-1

问题解决逻辑图如图 F-2 所示。

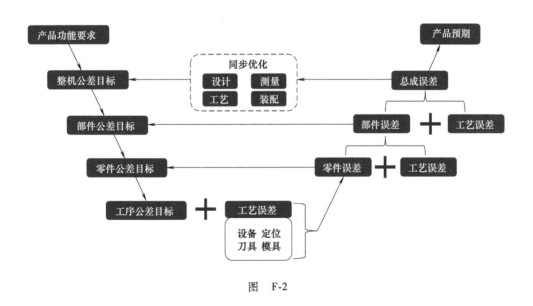

图　F-2

附录 G　"APQP"与"公差工程"工作流程进度对比图

"APQP"与"公差工程"工作流程进度对比图如图 G-1 所示。

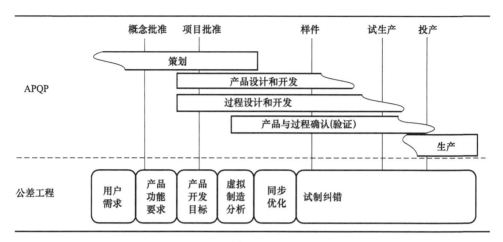

图　G-1

参 考 文 献

[1] 曹渡，刘永清. 汽车尺寸工程技术 ［M］. 北京：机械工业出版社，2017.

[2] 熊伟. 质量功能展开：从理论到实践 ［M］. 北京：科学出版社，2009.

[3] 顾小玲. 量具、量仪与测量技术 ［M］. 北京：机械工业出版社，2008.

[4] 傅成昌，傅晓燕. 几何量公差与技术测量 ［M］，北京：石油工业出版社，2013.